銷講如戲，展現絕佳演技
緩解緊張，激起購買欲望

張振華　著

新時代行銷魂

每個人都能成為關鍵性的銷售演講家

一場成功的銷售演講有哪些關鍵？

目錄

內容提要

人人都會說話，但卻未必人人都能把話說好。作為一項技巧、一種藝術、一門攻心的學問，銷講的最高境界是要把話說出去，把錢收回來。本書立足於銷講實際，多側面、多角度、多層次地闡述了銷講心理、步驟、禁區、關鍵點、方法及難題，旨在幫助讀者掌握演說技巧，提升演說水準，操控客戶心理抗拒，實現百分百成交。

前言

奮戰職場，商海沉浮，這些年，我為自己賺得了許多的標籤和頭銜。然而，在這眾多的頭銜中，我最喜歡的、也最願意接受的，還是演說家。因為，演說是我最熱愛的事，也開啟了我創業之路，它是我創業的過程中始終給我活力和動力的力量源泉。

因為演說，我表達了更自信的自己；因為演說，我遇見了更完美的自己；因為演說，我把我對世界的認識和理解，以及我對人生的感悟和思考，傳遞給了更多的人，讓更多的人看見了我、認識了我、也了解了我。

回望自己曾經走過的道路，我發現，演說不僅帶給我成功和財富，也幫助我實現了人生價值。

毫不誇張地說，是演說成就了我，而我也同樣用演說成就著別人。通常，只要我站上演講臺，就能迅速征服臺下的聽眾，因為我總能用三言兩語就使聽眾感到醍醐灌頂、撥雲見日。而每當我看到別人因為我的演講而覺悟、改變時，我的內心都會充滿自豪。

正是出於對演講的熱愛，並深知演講的價值，我的內心也萌生了發展銷講培訓的想法，因為我希望有更多人能像我一樣，透過演說去影響別人、幫助別人。我希望人人都能掌握銷講技能。

基於此，我開設了一系列課程。很多人都說我的課程蘊含著巨大的能量，而我的銷講風格也獨具個人魅力。

在我的學員中，有企業家、有創始人，還有各種成功人士，每次課程結束後，總有學員對我說：「張老師，我覺得收穫特別大，謝謝你！」每次聽到這樣真誠的話語我都感到很欣慰，覺得自己多年來的付出和努力沒有白費。

事實上，曾幾何時，我也是一個不善言談、內向自卑的孩子，我從來沒有想過，有一天自己會站在演講臺上，面向成千上萬人演講，更不會想到自己能成為一名影響成千上萬人的導師。而我之所以能具備今天的演講能力，都源於我不懈的學習和累積，可以說，我在演講臺上的每一次閃光背後，都飽含著辛勤的汗水。

如今，我的付出和汗水得到了認可，我也下定決心要把銷講當成一生的事業，將自己的銷講智慧傳播給更多的人，讓更多的人能因銷講而獲益，因銷講而改變人生。這也是我寫作這本書的最大初衷。

很多學員在接觸銷講之前都會問我：「張老師，什麼是銷講？為什麼要學銷講？」

其實，銷講這個詞可以拆分開，銷就是銷售、售賣；講，就是演講。銷講就是為了達到銷售目的演講。這裡的銷售是廣義的，買產品是銷售，推銷自己是銷售，輸出自己的觀點、說服別人也是銷售。

至於為什麼要學銷講，我給出的答案是：「你是否想更好的推銷自己呢？你是否想學會一對多批發式銷售的方法呢？你是否想訂製屬於自己的成交系統呢？你是否想打造向市場眾籌融資的銷講稿呢？如果你的答案是『YES』的話，那你就需要學會銷講！」

透過這本書，你可以走進銷講、了解銷講，並掌握銷講的基本方法。閱讀這本書，你可以學到如何設計令人驚豔的開場白，如何設計自己的肢體動作、眼神和表情，如何找到屬於自己的銷講風格，怎樣克服緊張，怎樣設計銷講內容，如何成功說服觀眾，如何順利成交，以及如何樹立自己的銷講信念等。只要掌握這些方法，你就能很快入門，找到成為銷講高手的路徑。

當然，古詩有云：「紙上得來終覺淺，絕知此事要躬行。」縱然理論方法再精妙，如果不實際操作，不真正走上演講臺去練習，就永遠無法真正學會銷講，所以，我希望讀者們在讀過本書以後，能勇敢地走上演講臺，在銷講實踐中收穫和成長！

Part1

精心設計開場，
贏在起點

好的開始，是成功的一半。每一場精彩的銷講都必須擁有一個精妙絕倫的開場白。對於一場銷講來說，開場白有著非常重要的引導作用，好的開場白可以幫助銷講者贏得聽眾的信任，並且產生先聲奪人的驚豔效果。

開場白的重要性

有一個好的開場，銷講就成功了一半。經驗豐富的銷講者常常會精心的準備和計劃自己的開場白。在銷講開始之前，銷講者首先要考慮一下影響現場的情況，不能完全依靠臨場發揮。如果想要取得更好的效果，就必須事前有所準備，只有這樣才能在銷講的時候做到隨機應變，信手拈來。

一個好的開場白，不僅能清楚地告訴聽眾：演講已經開始，請大家注意。還可以成功地吸引觀眾的注意。開場第一句，一定要令聽眾有耳目一新的感覺，千萬不要說試探或者道歉的語句，這樣只會令自己露怯，比如，「這個麥克風能用嗎？」或者「讓我想想，從哪裡開始說起。」類似的開場白一定會讓銷講扣分。

其實，有很多方法可以都吸引聽眾們的注意力，比如說一些標新立異的方法，製造懸念的方法，甚至幽默的方法都是很有效的。把這些方法融入到開場白之中，往往會取得出乎意料的效果。

我們可以用回憶往事，幽默故事來巧妙的引入主題，也可以語出驚人，提出一個令人深思的問題。準備開場白時，我們應該盡量發揮自己的想像力，就算開場白太過戲劇化，也並不要緊，只要不過於虛假就可以了。

但是，無論什麼樣的開場白都得服務於銷講的主題，千萬不要故弄玄虛，也不要離題萬里。開場白還應該注意符合銷講者本人的個性和現場的氛圍，生搬硬套的開場白只會讓聽眾感到突兀和尷尬。

我們都有過這樣的經驗，在別人身上用的非常得心應手的方法，用在自己的身上可能會很不自然，這是因為別人的方法不一定適合我們自己，不考慮自身情況，一味套用別人的方法，不僅我們自己會感覺不舒服，連聽眾也會覺得不自在。

一般來說，幽默搞笑的輕鬆開場白，是最常見的，它既能夠匯入話題，也能夠營造氣氛。而故事類的開場白可以迅速抓住聽眾的耳朵；開門見山的開場白，可以讓聽眾迅速了解銷講的主題。無論哪種開場白，完成以下兩個任務：

第一個任務是建立聽者和說者的同感。第二個任務是要開啟場面氣氛，引入正題，如果你的銷講開場白並不能夠很好地完成這兩個任務，那就等於白開場了。

銷講開場方式不外乎有三種，引起好奇，調動情緒和開門見山。

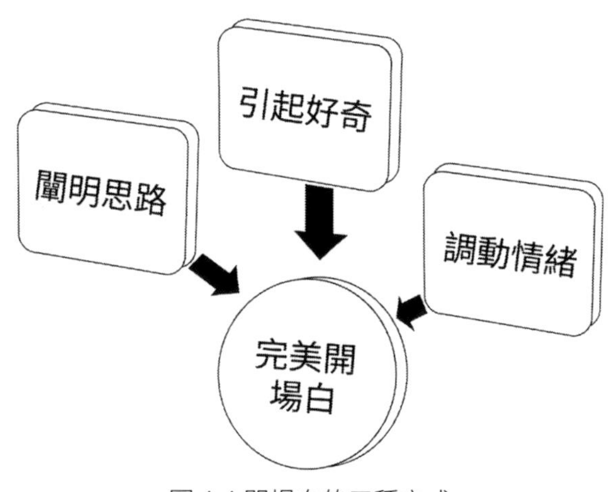

圖 1-1 開場白的三種方式

一、引起聽眾的好奇心

一場銷講的成功與否取決於開場夠不夠吸引人，能不能引起聽眾們的好奇心。在銷講的時候，奪取觀眾們的眼球及方式要根據自己的內容，場景和輕重的不同而有所改變。一般情況下可以用經歷、幽默、事例等等方式來達到這個目的。

曾經有一個學生就用這樣一句話作為開場白，他說：「曾經我們有一位議員在立法院開會的時候，提議通過一條法律，禁止任何一個學校裡的蝌蚪變成青蛙，免得打擾學生們念書。」

聽眾聽了這番話一定會哈哈笑，同時也會產生好奇，他們會想：「真的會有這回事嗎？」並且會非常認真地聽下去，因為他們期待著銷講者能揭開謎底。

每一個想成為銷講高手的人，都應該學習如何用開場白來勾起聽眾的好奇心。

二、把觀眾情緒調動起來

一個好的開場白，必須要能夠調動起挺重的情緒。因為，很多聽眾在走進銷講現場的時候，都會抱著一種旁觀者的態度，無論銷講者講了什麼，他們都會認為「與我無關」。這種消極的態度，會讓銷講者大受打擊。

蔡康永是演講藝術的高手，他曾經在一次演講中，想講一段關於著名畫家常玉的生平。他原本打算從常玉艱苦的求學歷程講到他最終取得的輝煌成就。可是，蔡康永講給朋友試聽的時候，這位朋友沒聽幾句就問：「常玉是誰？」此時，蔡康永這才想到，雖然常玉在業內有很大的名氣，但是在普通人卻沒有什麼知名度。對於一個自己不熟悉的人，聽眾們肯定不會有興趣聽他的生平。

所以，在正式演講的時候，蔡康永拿出了一本常玉的傳記說：「我手上這本書，大概只比滑鼠墊大一點點，但這麼小的面積，如果上面畫的是常玉的油畫，那麼，它現在的市場價格，大概是臺幣兩百萬到三百萬。」如此一來，觀眾們的興趣就一下子被調動了起來，當蔡康永在說常玉的生平時候，聽眾們也聽得興致盎然。

臺下的聽眾們可能不是藝術的愛好者，並不了解畫家常玉，也對他的生平不感興趣。但是他們一定會對「小小一幅畫，卻能賣出幾百萬的高價」這件事感興趣。

蔡康永很聰明的在故事的開頭就放置了一個爆點，這樣極易引起聽眾們的興趣。所謂的爆點就是在銷講過程中能夠激發群眾興趣的地方，如果在一個篇章開頭的時候，你就設定幾個爆點，一定會收到出乎意料的效果。

三、**闡明思路要開門見山**。

開門見山式的開場白很有可能會讓聽眾覺得有些突兀，但是這種開場方式有一大好處，那就是開宗明義，能夠讓聽眾們一開始就知道你想講什麼。如果聽眾們有這方面的需求，他們就會繼續聽你講下去。而且，用這種方式，也能夠幫你將銷講思路捋順，為後面的銷講打下基礎。開門見山地闡明思路，對一些剛入行的銷講師很有幫助，能夠更好地理順自己的銷講思維，防止跑題。開門見山式的開場白一般包含以下幾點內容：

①為聽眾們提供背景知識

如果聽眾對於銷講主題並不了解或者了解的很少，那麼銷講者就有必要講述一些關於主題的背景知識，這樣不僅能幫助聽眾理解銷講的內容，也能夠凸出銷講的主題。

②闡明銷講的主題

主題是銷講的靈魂，它框定了銷講內容和組織結構，制約了資料和案例的取捨，影響了論證的方式，決定了銷講的思想性。，如果沒有一個明確的主題，銷講就像沒有靈魂的軀殼。就算講得再好，也會讓人覺得不知所云。

③闡明整個銷講的結構

有時候，我們還要向聽眾們說一說銷講的結構，幫助聽眾在大腦裡建立一個框架。當聽眾對銷將的結構有了大致的了解以後，他們在聽的時候會更有針對性，也會更有耐心。向聽眾闡明銷講結構還有一個好處，那就是 —— 提前打消疑慮，當聽眾明確了主題和框架以後，就能有效避免斷章取義和先入為主的顯現。

④簡要描述銷講的目的

在一般情況下，銷講在一開始就要講清楚銷講的目的，如果不能夠很好的做到這一點，聽眾就有可能會曲解我們的意思，懷疑我們的動機。

上面所描述的幾種方法都是銷講開場白時候的一些相關技巧和基本思路，掌握了上述的技巧，能夠幫助你在銷講一開始是抓住聽眾的眼球。

◆互動開場，抓住觀眾目光

在這個經濟快速發展的時代，銷講越來越常見，越來越受到重視，也是最能感染人的一種管道。但要是水準不夠，你怎麼影響別人呢？

一場成功的銷講，能夠調動聽眾的積極性，迅速拉近你和聽眾的距離；一場成功的銷講，能夠活躍現場氣氛，讓聽眾隨著你的思維思考。

在銷講過程中，只要注意把握技巧，就能輕易達到銷講目標，取得意料之中的效果，其中最重要的技巧就是互動。

常言道，失敗是成功之母。放在銷講當中這句話就可以改作「互動乃銷講之父」，有效的互動能夠在每個聽眾心裡激起漣漪。還有人說，在銷講中互動的本質就是銷講者與聽眾積極互動。

無論怎樣，銷講者在準備銷講前都要精心設計銷講的布局、互動的時間和方式。那麼，都有哪些好的互動方式呢？

一、語言類技巧

充分利用語言的魅力吸引聽眾注意力。

語言類銷講互動技巧

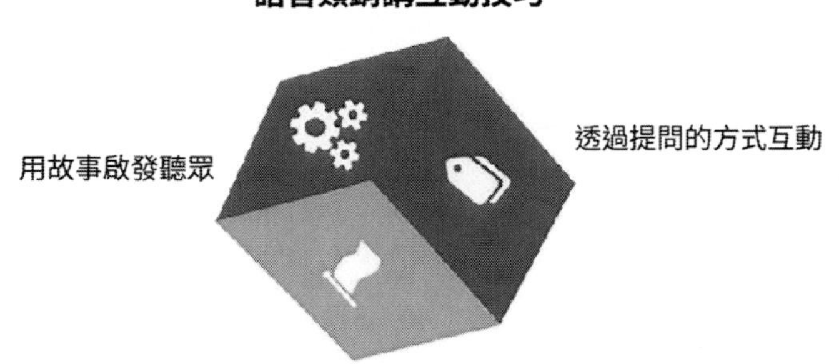

圖 1-2 語言銷講的互動技巧

①用半截話引導聽眾

根據字面意思理解，就是指銷講者說一句話的前半部分，讓聽眾來接後面的話。這是一個非常靈活的小技巧，在這樣的互動中，你和聽眾的距離很快就會拉近。很多銷講者都會運用這種技巧，比如：

銷講者：「學而時習之，……」

聽眾：「不亦說乎。」

銷講者：「這個道理，就像和尚頭上的蝨子……」

聽眾：「明擺著！」

銷講者：「天下大勢，分久必合……」

聽眾：「合久必分！」

銷講者與聽眾一唱一和，能夠帶來極大的滿足感。較常見的是引用名人名言或者俗語、歇後語。要引用的內容必須是簡單的大眾都聽過的內容。語速也要放慢一點，盡可能讓聽眾有反應和思考的時間，把最後一個字語氣拉長一點。

②透過提問的方式互動

蘇格拉底在講學和辯論時經常會採用一種方法：「精神助產術」，即用問題引導對方回答，讓對方一步步說出我們希望他說的話。銷講者也可以借鑑，在銷講時裝作什麼都不懂，向聽眾請教問題，提問的具體內容可以參考以下範例。

「年輕人，是不是要多談戀愛？」「是！」

「年輕人，戀愛之餘，是不是要注重自我提升和成長？」「是！」

「個人成長首先要找準方向，是不是？」「是！」

上面這些問題都是封閉性問題，聽眾只需要回答是或者不是，對或者不對。這類問題可以使現場氣氛更活躍。

「拚命的學測努力過後，面對安逸舒適的大學生活，大學生應該如何規劃學習和生活？有沒有人願意分享一下？」

像這樣的問題是一個開放式問題，不同的人就有不同的答案。為了就活躍氣氛，你可以問一個這樣的開放式問題，但是要想深度影響聽眾，就必須要進行連續的封閉式提問。

在銷講過程中的不同時間段提問也會收到不同的回應。

一般來說，在開場提問能夠凝聚氣場；中場提問能夠引發聽眾多角度的思考；快結束時提問能夠形成點明主題，總結回顧的作用。

比方說在 2017 年的跨年演講中，演講者一開場就提出了這些問題：「2017 年哪一天哪一個時刻，你認為很重要？」這個問題一下子就把現場的 10,000 名觀眾和電視機前的觀眾精神集中到一起，人們開始反思自己在即將過去一年中的重要時刻。

要想成為一個優秀的銷講者，必須要盡可能多的丟擲問題，哪怕是明知故問。對於聽眾來說，提問很重要。

③用故事啟發聽眾

銷講開始前，可以用一個有代表性的短小精悍的故事引出銷講主題，注意引用的故事要與銷講主題相切合。這是一個非常好的能吸引聽眾注意力的互動技巧，可以逐漸把聽眾引導進了一個預先設定好的場景裡，聽眾會很好奇事情究竟是如何發展下去的，因此會認真仔細地聽下去。

二、活動類技巧

用活動來提高與聽眾的互動頻率。這是很多銷講培訓的常見招式。

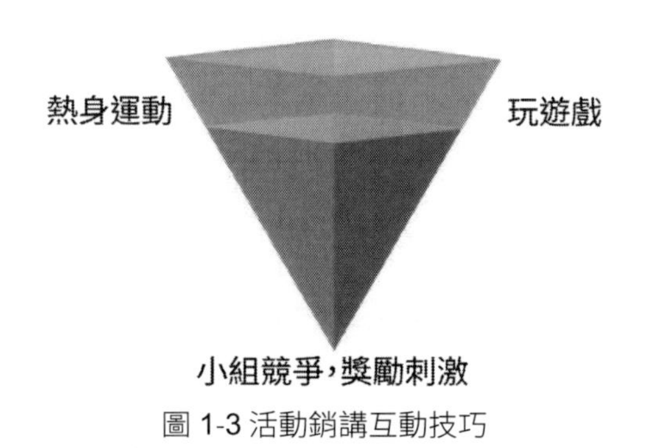

圖 1-3 活動銷講互動技巧

①小組競爭、獎勵刺激

最後再分享一個重要的互動技巧。之所以把重要的放在最後，是想說明這個技巧能夠適用於以上所有情況。競爭能夠激發活躍度，激勵能夠帶來動力，將這兩者結合，是最好的互動方式。

競爭可以採取小組 PK 賽的形式。把聽眾抽成不同的小組，讓兩組來競爭，遊戲、互動、活躍度、問答等都可以作為競爭的內容。激勵可以是物質激勵，也可以是精神激勵。有的銷講者會把一些書籍、小獎品作為激勵，還有的銷講者會直接發獎金。當聽眾回答問題時，現場所有人也會用掌聲對他進行激勵。

說實話，銷講中的激勵實質上是讓聽眾獲得一種精神上的滿足感和愉悅感。所以要注重精神激勵。

②熱身運動

熱身活動實際上是一種緩解氣氛的方式。比方說，在銷講開始之前，銷講者先召集大家一起站起來做一個簡單的動作，或者請觀眾上臺跳舞唱歌等等。要注意把握熱身活動的時間不要太長，不能占去大部分的銷講時間。

③玩遊戲

與熱身活動相比，玩遊戲更加強調趣味性。在銷講現場，如果能做與銷講主題相關的遊戲，那最好不過了。但是遊戲類互動有一點很難掌控，那就是遊戲的分寸，如果發展到失控的局面，就會很難收場。

三、藉助道具類

用一些實物來驗證自己的銷講內容，這是讓聽眾注意力集中的最好辦法。這種實實在在的東西，能夠讓聽眾帶來視覺上的真實感，也會產生很好的效果，有過經驗的銷講者都不會不知道，沒有道具的銷講蒼白無力。

猶記得曾經看過賈伯斯的一場發表會，有個細節令人難忘。2002 年，Mac OS X 作業系統剛剛上市，為了它的推廣，終結上一代系統 OS 9，賈伯斯創造了一個獨特的奇蹟。他到底是怎麼做的呢？賈伯斯找了一具棺材，在悲傷的音樂中，賈伯斯從棺材中拿起一套 OS 9 的系統。這個令人震撼的道具，準確傳達了賈伯斯的想法：他要埋葬 OS 9。

銷講互動的方法各式各樣，我們要充分發揮發揮自己的想像力，創造別具一格的互動形式，來俘獲聽眾的心。

◆七招開場技巧，讓你的銷講驚豔全場

有句話說得好，好的開始是成功的一半，所以對於銷講來說，一個好的開場白非常重要。然而，想用幾句話的開場白來抓住聽眾們的心並不容易。如果在開場時不能獲得聽眾們的好感，也無法吸引住聽眾，那麼後面的銷講即使再精彩，最終效果也會大打折扣。因此，有經驗的銷講者往往能夠創造出有趣又獨特的開場白，並以此來吸引觀眾、控制現場氣氛，為接下來的銷講做好鋪陳。

在這一節中，我結合自己以往的銷講經驗，為大家介紹了 7 種銷講技巧，希望能對大家有所幫助。

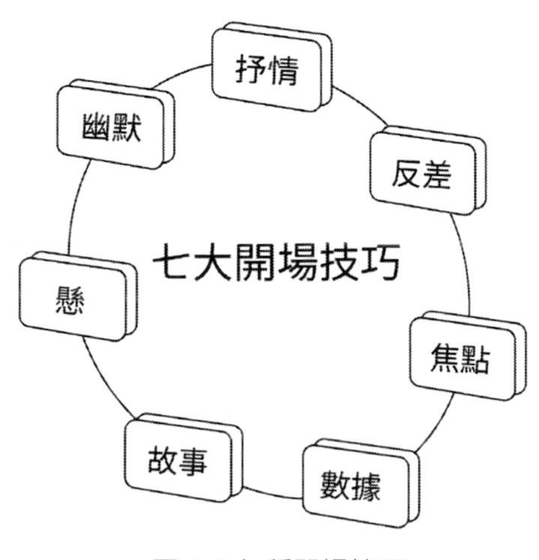

圖 1-4 七種開場技巧

一、抒情式開場

這種開場白的方式，目的在於用情感打動人，渲染氣氛，讓觀眾們沉浸在銷講之中，注意聆聽銷講內容。這種開頭經常採用比喻，比擬，排比等多種修辭手法，多採用散文詩式的語言，或者乾脆直接引用詩句，達到優美感人、引人入勝的效果。

但是需要注意的是，散文詩類型的抒情開頭，一定要飽含真摯的感情，千萬不可嬌柔做作、無病呻吟，虛假的抒情會讓人大倒胃口。

二、故事式開場

如果，我們能夠形象生動地講述一個故事，自然可以引起聽眾們的注意，但講故事要依照以下的幾個原則：短小精悍，令人深思、與銷講內容相關。

一個很會講故事的銷講大師，他曾經說過「我覺得人類最重要的能力，其實就是編一個確實你認為能夠實現的故事，並且有益於所有人的故事，並且帶著大家一起去實現，我覺得這是人類的最好的一個結局。」

所以，他的每一次銷講中，都是故事一大把。

講到這裡，你可能會說故事那麼多，我們應該選擇怎樣的故事作為開場呢？

首先要注意的是故事要具有典型性，這樣典型的故事，不僅能夠將銷講者的觀點，思想，情感巧妙地融入故事之中，還可以讓聽眾進入一種共鳴和或者忘我的境界，讓他們更容易接受銷講的主題。

三、用數據說話

數據，可以讓你的銷講說服力更上一層樓，也可以讓觀眾們在數據中直接感受銷講主題的力量，數據是有魔力的，它們能夠讓觀眾們很快的進入你的銷講環境。而且數據能夠很直觀地說明現象，能讓聽眾們迅速理解和接受。

四、幽默式開場

在日常生活中，我們都喜歡和有趣的人打交道，因為和他們在一起時。我們會感到非常快樂。幽默的人能夠感染周邊的氣氛，讓別人也感到輕鬆快樂。同理。幽默的開場白也能夠瞬間引爆銷講現場的氣氛。

在 1862 年，美國的著名律師約翰·羅克勤進行了一場主題為解放黑人奴隸的演講，而臺下的聽眾幾乎都是白人。羅克勤一上臺，就用一個幽默的開場白化解了現場嚴肅緊張的氣氛，他是這麼說的：「女士們，先生們：我來到這裡，與其說是演說，倒不如說是為這一場合增添一點點『顏色』……」臺下的聽眾們哈哈大笑，羅克勤的演講就在一片輕鬆的氛圍中展開了。

我們值得注意的是，幽默式的開場白一定要是積極向上的，品味高雅的，最好不要開低級粗俗的玩笑，這樣不僅會影響銷講主題，同時也會影響講者在聽眾面前的形象。

五、製造反差，一語驚人

如果，我們能在開場「語出驚人」，用聽眾意想不到的方式引出主題，就會達到出其不意的效果。

在一次畢業的歡送會上，校長向同學們致辭，他說：「本來我想祝大家今後一帆風順，但是我覺得這樣的說法不太合適。」

聽了這句話，大家都感到非常疑惑不解，此時，校長接著說：「祝福某人一帆風順，就像祝福某人長生不死，是一句空洞的謊言。這樣的謊言對於大家今後的人生麼有一點幫助，以後，你們必定會遇到各式各樣的挑戰，比如……」

致辭的最後，校長說：「充滿波折和不順利的人生才是真實的人生，迎難而上、不畏艱險、奮力打拚的人生才是最美好的人生！祝福大家在未來坎坷的征程中，能邁出最堅實、最有利的步伐，用打拚和汗水創造更加美好的未來。

這名校長的開場白可以說是「一鳴驚人」，他不祝福同學們「一帆風順」，反而從另一個角度來講述人生道理，最後的效果也非常震撼人心。

不過「語出驚人」必須要掌握好分寸，不要為了追求新奇，就故意說一些譁眾取寵或駭人聽聞的話。這樣的做法會讓聽眾十分反感。所以，運用「語出驚人」式開場白時，要結合聽眾心理和銷講主旨，在合情合理的基礎上做到出奇致勝。

六、焦點話題開場

所謂的焦點話題，就是在一段時間內，透過公共平臺進行釋出和傳播的，人們高度關注和熱烈討論的話題。

一般來說，熱門話題匯聚了時下的焦點，也可以引發多種不同的觀點，銷講者可以利用觀點來做文章，順勢引出自己的主題。而且，用熱門的話題作為開場白，可以展現銷講者對實際生活的關注，也可以引發聽眾的思考。

七、製造懸念

好奇是每個人的天性，人一旦產生好奇心，就必須把事情要弄個明白。我們可以利用聽眾的好奇心，在開場設定懸念，吸引聽眾認真聽下去。這樣一來，銷講者就能夠順利引出主題，並掌控局面了。

不過，製造懸念的方法雖然好，但不宜過度使用，也不能「管殺不管埋」，我們既然勾起了聽眾的好奇心，就應該要滿足他們。設定懸念時，要做到前後呼應，自圓其說，千萬不要故弄玄虛。我們在開場設定懸念時，應該注意以下兩點：

第一點，設定的懸念不能過於老套，大家都知道的懸念就不能稱之為懸念了。

第二點，設定懸念後，應該在恰當的時機解開懸念，懸念持續的時間不應該太長，也不應該太短。懸念設定時間過長有「賣關子」之嫌，會引起聽眾反感，懸念設定時間過短則達不到應有的效果。

上面的七種開場白技巧，只是最常用的幾種，無論運用哪種方式開場，最重要的是必須緊扣銷講主題。開場最為忌諱的就是自說自話，如果你的開場白沒能打動聽眾，那麼，你的銷講也注定只能是一場獨角戲。

贏得信任的開場表現

銷講者在一出場時，就應該取得聽眾的信任。想要贏得聽眾的信任，需要在銷講的方式和銷講內容上花費很大的心思。除此之外還有一個要素不容小覷，否則你前期的準備可能會功虧一簣。你一定會感到好奇？是什麼要素能夠造成這麼大的作用呢？那就是 —— 個人魅力。聽眾在第一眼看到銷講者時會對銷講者的魅力來一個整體打分，即第一印象。如果在聽眾眼中，你的整體素養都不錯，則在你開口講話時，聽眾會選擇去相信而不是懷疑。

不斷地有學者在長達幾個世紀的時間裡仔細研究可信度這個問題，從過去關於氣質的討論到今天關於形象、魅力等的探索，都是他們的研究範圍。為什麼同樣的資訊從不同的銷講者口中說出，會得到不同的回饋，擁有不同的可信度？

古希臘聖賢亞里斯多德（Aristotélēs）認為：「聽眾更願意去相信某位態度誠懇、明達事理、剛正不阿的演講者。」現代的一些社會科學家嘗試去尋找出一些具有說服力的銷講家所具有的特徵，經過對比研究，他們得出結論，具有說服力的銷講家所具有的特徵是：有個性、有威嚴、充滿活力、開朗、可靠、擅長社交、平靜以及有智慧。

銷講者在平時要注重這類素養的累積，有意地去訓練，提升銷講的可信度，以便達到銷講的目的。要高度重視第一印象的作用，在銷講之前先為聽眾樹立一個良好的形象或者較高的聲譽，在銷講過程中逐漸獲取聽眾的信任。如果銷講者想要建立可信形象，贏得聽眾信任需要從以下幾個方面做起。

怎樣贏得聽眾信任？

圖 1-5 贏得聽眾信任的方法

一、客觀評價自己的形象

銷講者如果能夠保證自己的形象是和藹可親的，就會更加的富有魅力，偶爾，也會出現銷講者難以處理的難題。

有的銷講者完全掌握了如何取得聽眾信任的技巧，但在實際操作中難免會顯得呆板，給人留下刻板不隨和的印象。銷講家最理想的狀態就是不管銷講對像是哪類人群，銷講主題是哪種類型，都能夠表現得從容不迫、關切和藹，報以強烈的熱情。對於大部分人來說，可能難以達到這一狀態。

在提高自己的可信度之前，銷講者要對自己有一個精準的定位。從實際出發，評價自己的可信度是高還是低？你表現出來的個性特徵能否被人們接受和欣賞，或者，雖然對你的個性特徵不滿，但還是願意接受你的觀點？在構成可信度的要素中，你有哪一點是特別占有優勢的的？還有哪些地方做得較為欠缺？評估自己在別人眼中的形象操作起來較為困難，如果可以，最好是請幾位熟悉你的朋友對你進行一個客觀的評價。

下面有幾個問題測評題，你可以嘗試用它來對自己的進行一個評價：

1. 聽眾是否了解你？在聽眾眼中你是不是一個具有能力的銷講者？

2. 你有沒有經受過專業的教育或培訓？你是否稱得上是某一類領域的專家？聽眾是否了解你的這些情況？
3. 你有沒有為銷講的內容提前蒐集大量資訊，查閱相關數據，是否認真準備？你是否恰當地表達了想要表達的內容？
4. 你是否應用了銷講的技巧？你的銷講有沒有特色？聽眾是否能夠感受到你們的真誠？
5. 銷講時你是否把聽眾的需求和關切放在第一位？
6. 全程你是否表現得大方得體、平易近人、積極樂觀，及時響應聽眾的回饋？
7. 聽眾是都願意相信你的話？聽眾是否覺得你是一個正直誠信的人？
8. 你是都能夠正確地認識到自己在數據和觀點上面存在的不足和缺點，並且誇讚自己的對手？
9. 你是否在銷講的全程中情緒飽滿、充滿自信？

二、建立銷講前的可信度

①向聽眾提供自己有效的資歷

如果有聽眾向你問起你以前的榮譽事蹟，不要太過於謙虛。發一份提前準備好的履歷給他們，羅列出你取得的成就和你的背景。當然了，也應該在銷講內容中適當新增照片、文章、書籍或者其他能夠證明自己的東西。

②告訴主持人自己的真實情況

除了書面資料的展示，還要注意回答主持人對你的提問，如果有必要，可以親自會見他們。如果你想在主持人介紹你時能夠重點凸出某項內容，一定要表達清楚。

③留意銷講前自己在聽眾中的形象

在熟悉的人面前你一定知道你在他們心目中的形象是什麼。在你的日常交往中，你是不是一個有趣、愛爭論、聰明、有才華、幽默、活潑的人？他們對你的印象會影響他們對你銷講的評價。有時候，先入為主的觀念會影響那些熟悉你的聽眾，導致他們無法做出客觀評價。

而這種情況則不會在陌生的聽眾前出現，你是第一次和這些聽眾面對面交流，所以聽眾對你的評價的可信度會比較高，你的一言一行都會成為他們評價你的理由。

三、求同存異，尊重聽眾

很多時候，聽眾可能會質問你銷講的動機，或者他們擁有著和你完全相反的觀點。這種情況下，要想改變聽眾的觀點或態度，使得銷講達到期望目標，就需要提高聽眾對你的銷講的信任程度。

那麼，在觀點有分歧的情況下，我們應如何獲取聽眾的信任呢？我認為「求同存異，尊重聽眾」是一條最重要的原則。基於這個原則，我有以下幾點建議：

1. 承認分歧，強調共同目標，保持大方向一致。
2. 對偏見和惡意攻擊行為要果斷加以反駁，不要讓這部分人影響其他聽眾。
3. 把聽眾的利益放在首位，強調銷講的動機是為了維護聽眾的利益。
4. 喚起聽眾心中的大愛和公眾意識，讓他們站在更高的高度去聽。

為什麼有些銷講高手具有「蠱惑人心」的魔力呢？那是因為他們一開口就贏得了聽眾的信任，無論他們說什麼，聽眾都會買單。所以，銷講新人應該著重組造自己可信賴的形象，把話說到聽眾的心坎裡，讓聽眾全心全意地信任自己。

◆避免自掘墳墓的開場失誤

在本節開頭，我們先來看一段演講稿：

親愛的女士們、先生們：

今天，我匆匆站上講臺，並沒有做什麼準備。在專業知識方面，我也不能與臺下的各位相比。但是，我願意竭盡所能地為大家總結一些企業人事管理的方法，可能在座的朋友們對此早有研究，希望大家多提寶貴意見。

這段開場白出自一位管理學博士的專題報告，看了他的開場白，大家認為如何呢？

先說說我的看法，這段開場白可以說十分糟糕，過度的自謙讓聽眾覺得這位博士沒自信，而且有「找藉口」之嫌，顯得對觀眾和演講不太尊重。同時，這段開場白的廢話太多，聽眾會覺得無聊和無趣。在我看來，這就是一段「自掘墳墓」式的開場白。

一段好的開場白，可以幫銷講者建立自信，可以喚起聽眾的好奇心，可以增加聽眾的參與感，讓銷講者和聽眾產生良好的互動。失敗的開場白，就像晚宴中拙劣的開胃菜，讓客人倒盡胃口，就算後面的主菜再美味，客人也無心品嘗了。

千萬別讓「自掘墳墓」式的開場白毀了你的銷講，以下幾種典型的「自掘墳墓」式開場白是我們應該避免的。

圖 1-6 九種「自掘墳墓」式開場白

一、庸俗，低級的開頭

有些講師一上臺就開始講黃色笑話，美其名日是為了活躍氣氛，用一些低級的玩笑譁眾取寵。殊不知一個人的語言，就代表了他的外在形象，如果你說得都是庸俗低級的語言，那麼，在聽眾心目中你也是一個品味低級的人。

二、自誇式開場白

讚美誇獎的話語，一定要從別人的嘴巴裡說出來，如果自己吹捧自己，就很容易給別人一種狂妄自大的印象。如果你的自誇言過其實，就更容易讓大家留下不可靠的印象。壞印象一旦產生，接下來的銷講聽眾也不會有太多的興趣去聽了。

三、東拉西扯，找不到開頭

如果銷講一開場就東拉西扯，講一些跟主題無關的事情，也很容易引起聽眾的反感。沒所以，在銷講的過程中，我們一定要注意，不能偏離主題。話題放得太開，結果卻收不回去，最後只能在尷尬中草草收場，銷講的目的當然也就達不到了。

四、等人吹捧式開頭

有些人在銷講時，很喜歡別人吹捧自己。如果，沒人吹捧，就覺得渾身不自在。於是，在虛榮心的驅使下，他們總是不停地要求聽眾給自己鼓掌，引導別人讚美自己。可是，這樣的行為實在惹人反感。

五、自曝其短

有的人在開場時會習慣性的說：「我現在十分緊張。」「我沒有準備。」等等，這樣的開場白就是自曝其短，不僅不能消除自己的緊張，反而提醒了聽眾，讓他們對你的言行更加挑剔。一旦這麼說了，及時你接下來的表現再好，聽眾也能挑出毛病來。

六、過分承諾

我們是不是經常會聽到這樣的開場白：「想不想在接下來的一個小時中學到最頂尖的銷售技巧？」「想不想在兩小時內掌握成功的祕訣？」「想不想知道怎麼賺 100 萬？」上面講的事情誰都想，但問題是你在兩個小時的銷講之中，真的能做到嗎？在我看來，不切實際的承諾就是欺騙，會讓聽眾十分反感。

七、過分謙虛的開場白

孔子曾經說過：「過猶不及。」自吹自擂、誇誇其談固然讓人厭煩，可是沒完沒了的自謙也容易招致反感，本節開頭的例子就很好地說明了問題。

八、用專業術語進行開頭

如果講師一上臺，說的全是專業術語，非專業的聽眾們會覺得摸不到頭腦。就算你是銷講大師，說的話聽眾無法理解，也一樣無法讓聽眾產生共鳴。

九、情緒過於高漲的開頭

可能你在一開始就想烘托氣氛，跟觀眾們打成一片，有一個較好的開局。但是如果在一開場就把情緒帶到最高點，那麼在接下來的銷講部分就會「走下坡路」，情緒越來越低沉。成功的銷講應該是氣氛越來越熱烈，情緒越來越高漲的，我們應該克制情緒，把力氣留到後面。

一個成功的開頭對銷講來說非常重要，它是銷講成功的第一塊基石！前面幾節我和大家分享了一些好的開場方法，大家可以在實踐中多多運用。最好的開頭，可以先聲奪人，讓聽眾能夠以最快的速度融如銷講情境中，隨著銷講者的思維和語言起舞！

Part2

銷講風範：

言語之外的魅力

一個優秀的銷講者應該做到有「風範」，要有「傳情」的眼神、得體的舉止、動聽的聲音、整潔的儀表和有親和力的表情。只有這樣才能為聽眾留下美好的印象，讓他們願意一直聽下去。因此，銷講者一定要做好「表面功夫」，為自己的銷講錦上添花。

馬雲的銷講風範

只要提到他，所有人起會想到他是一位成功的企業家，其實他還有一個重要的身分，就是一位特別能說會道的銷講大師。可以毫不誇張地說，他之所以會有今天的成功，離不開他「蠱惑人心」的演說能力。

他的超級演說能力和感染力，迅速吸引到大批粉絲的注意，他的銷講書更是遍布各家書店，甚至有的書籍還暢銷海外，幾乎只要是跟「馬雲」相關的書籍，銷量都很高。

除了暢銷書籍外，上網隨便搜一搜，他的銷講影片更是數不甚數，僅僅銷講「拚爹拚娘不如拚網際網路 + 選擇」這一個影片，點閱率超過 700 萬次。他的銷講影片吸引了大批的關注和崇拜，大家都為他高超的銷講能力所折服，很願意去學習他的銷講祕籍。

馬雲的銷講可以說無處不在，無論是大學校園，還是社會活動，只要有他出席的場所，幾乎都留下了他精彩的銷講。

他之所以會成為當今最成功的銷講大師，離不開他「幽默流暢、精華滿滿」的銷講內容，身為中國網路上最成功的企業家，他願意將自己的成功祕訣分享出來。因為他的銷講總是太過精彩，所以被網路界、創業界、銷售界、行銷界、銷講界都追捧的最厲害的「銷講大師」。

他的精彩銷講也吸引到社會各界名流人士的高度關注，某公司創始人兼 CEO 就曾向他請教過銷講的祕訣，並高度讚揚：他上臺只說三句話，且每句話都非常經典，讓人留下深刻的印象。

馬雲的銷講才能可以追溯到他在師範學院就學的時期，當時他擔任學校的學生會主席，還擔任學生聯合會的主席。那個時候，他的銷講才能就表現出來了，所以年紀輕輕就當上了學生會主席和學聯的主席。雖然我取得的成就還不能和馬雲媲美，但是我也和他一樣熱愛銷講，並且也在很早的時候就站上了講臺。19 歲那年，我從大學退學開始創業，20 歲那年，開始正式登臺演說。我很慶幸，自己在這麼年輕的時候，就找到了自己熱愛的事業。

馬雲自身還有很強的文藝理想氣息，又加之他特別酷愛金庸小說，所以他的思維總是可以發散到極致，卻又能張弛有度。因為他擁有這樣的思維，所以他銷講出來的每一句話都不拘一格，而且句句經典。這也是他獨特風格的過人之處。無論他銷講哪方面的內容，透露出來的內容都帶有很強的理想主義，讓聽眾對未來信心滿滿。

那麼，如此高超的銷講技能，馬雲是如何練成的呢？我研究了馬雲的上百場銷講，為大家總結出了他的六大銷講技巧，希望大家也能透過學習、練習和總結，成為「馬雲風範」的銷講高手。

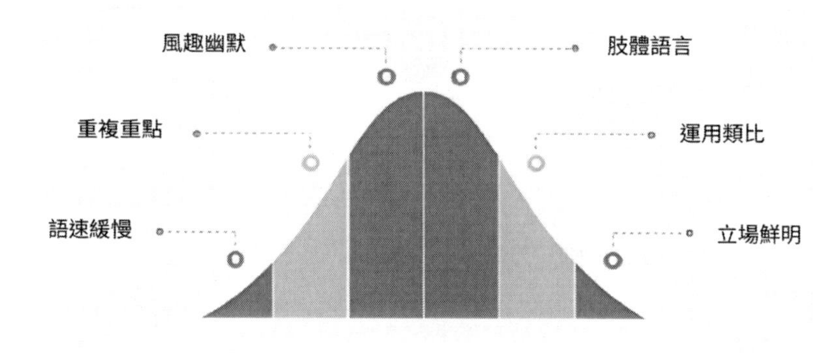

圖 2-1 馬雲銷講的六大技巧

一、風趣幽默

為什麼馬雲的銷講如此受大眾歡迎？有一個重要原因，就是他的銷講很風趣幽默。我想沒有人會對風趣幽默的內容有牴觸，而他非常擅於自嘲，他透過自嘲營造出愉悅的氛圍，讓聽眾有輕鬆感，比如他常常把「不懂技術，也不聰明」掛在嘴邊，把自己當年被肯德基和警察局拒之門外的應徵經歷拿出來自嘲，甚至還將自己的長相拿出來開玩笑。

他利用自嘲的風格，收穫了一大批聽眾的喜歡。當人們在聽到他談論自己的「囧事」時，不會覺得他是高高在上的成功企業家，從而產生距離感，他透過一些風趣幽默的自嘲，讓聽眾卸下這層「防備」，拉近與聽眾之間的距離。這樣不僅帶給聽眾快樂，也讓自己變得更加「真實」、親切。

值得注意的是，我們在銷講中如果運用自嘲的方式，就要把握好自嘲的分寸，不把將自己的形象設計成譁眾取寵的跳梁小丑，適當的開開玩笑，自嘲一下，能迅速拉近你與聽眾的距離。

二、肢體語言

善於使用肢體語言，能讓你的銷講事倍功半。我想沒有人會喜歡銷講者站在那裡一動不動，只動動嘴巴而已。在銷講中，誇張的肢體動作和豐富的神情會迅速吸引到聽眾的注意。我們可以發現，看馬雲的銷講影片時，即使把聲音關掉，也可以被他的銷講吸引到，因為他在銷講時，並不是一直站在原地，而是全程都在不停地走動，透過自己豐富的肢體動作和臉部表情，強調自己的觀點。哪怕是出席訪談類活動，他也不會安安靜靜坐那裡，而是「張牙舞爪」、「眉飛色舞」地說話，肢體成了他強調觀點的一種工具。

三、語速緩慢

馬雲不僅中文銷講很棒，他的英語功底也極好，聽過他英文銷講的人，就會發現他的銷講風格 —— 語速緩慢、停頓有致。這種風格並不是他的個人發音習慣造成的，而是他刻意而為的，其實在他的很多中文銷講中，這種風格的運用也很常見。

馬雲的銷講風格時刻以聽眾為導向，透過平緩的語速，讓聽眾能跟上節奏，在講完重點內容後，會有片刻的停頓，好讓聽眾有及時消化的時間。不僅如此，他的表達沒有任何專業術語，淺顯易懂的內容很容易被聽眾所接受。

所以，即便是我們這些普通聽眾，也可以耐心聽完他的整個銷講，並收穫到一些豐富的人生道理。我們很少聽到他談論公司背後強大的技術，他總戲稱自己是「電腦白痴」，不管他是不是真的不懂技術，但至少他所表達的的內容十分淺顯易懂的，也是人們喜聞樂見的東西。

四、重複重點

馬雲在銷講時慣用的修辭手法是「反覆」，反覆並不是重複囉嗦的講一句話或一個觀點，而是有目的的反覆強調銷講時的重點內容。透過這種「反覆」的方式，可以加深聽眾的印象，不僅如此，在重點內容進行重述的時候，也給了聽眾消化資訊的時間。

五、立場鮮明

銷講很能抓住聽眾的內心，讓聽眾跟著他的節奏走。是怎麼做到的呢？就是因為持有鮮明的立場，直率地表達自己的觀點和態度，從來不泛泛而談。他的觀點清晰明瞭，言語直截了當，迅速吸引大批粉絲關注，媒體更是大肆報導。這種坦率的言論相比起含糊不清的立場，會更有吸引力。

當然這種立場鮮明的決斷方式，並不適合所有的人和事，畢竟我們生活在一個多元化的世界，過於強勢，也會帶來一些麻煩。但是作為一種修辭手法，立場鮮明要比含糊不清更討人喜歡。

六、運用類比

銷講淺顯易懂是因為經常運用「類比」的方式。無論是科技，還是創業，都離不開一些諸如「深度學習」、「雲端運算」和「風險投資」這類難以理解的概念，就算講出來，聽眾也是一頭霧水。遇到此類難題時，會運用「類比」的方式，轉移聽眾的注意力，把話題講得淺顯易懂一些。

比如將類比運用到「大材小用」這個話題中，將波音飛機的引擎裝在牽引機上。這一類比不僅給聽眾帶來了歡笑，而且讓人記憶深刻。也許我們最終也無法理解到「大材小用」這個詞在科學領域有多麼專業的解釋和深奧的概念，最起碼我們能立刻明白飛機引擎並不適用於牽引機。

銷講是企業家必備技能清單中的一項基本技能，這種技能的培養有助於提升你的談吐氣質，讓你在商務談判中脫穎而出，從投資商那裡獲取更多的機會。即便自己的聽眾沒有那麼多，但也可以在各種商業活動、研討會鍛鍊自己，豐富自己的閱歷，最終讓自己的銷講技能得到提升。

如果你想成為像馬雲那樣成功的經濟巨擘，你也必須得首先具備銷講的才能。

◆掌握六種傳情眼神，演講從此秒殺全場

很多人在演講的時候，總是不知道眼睛該往哪裡看。是要與聽眾進行眼神交流，還是要掃視全場？是應該盯緊前排觀眾，還是要照顧後排觀眾？

演講者站在講臺上，就像置身一片無人的大海，那種無助感和孤獨感讓人忍不住想逃跑。如果，此時你把眼神閃躲，把目光投向屋頂，那麼這場演講將會變得很糟糕。

在演講的過程中，恰當地運用眼神非常重要。眼睛，是心靈的窗戶，眼神，是內心的表達。人們常說，老者的眼神

睿智深沉，少女的眼神純真美好，瑪麗蓮·夢露的眼神誘惑銷魂，張國榮的眼神迷離夢幻⋯⋯每個人的眼神都講述著自己的人生故事。

同樣地，演講者的眼神也在向觀眾傳遞訊息。你的眼神能告訴觀眾，你是否信心十足，你是否能掌控局面，你是否能為大家帶來一場精彩的演講。

所以，我們說眼神的運用是演講者的必修課。若能完美運用眼神這件「利器」，你的演講將會如虎添翼，你的個人風采也會發輝得淋漓盡致。

下面就和大家分享一下運用眼神的六大技巧：

一、點殺

所謂「點殺」，就是「點視」，即重點觀察某些觀眾，和他們進行一對一的眼神交流。「點殺」是一種很強烈的眼神，它能幫你征服觀眾、感染觀眾。

那麼，「點殺」適合在哪些情況下運用呢？可以在提問時運用，如果你希望某位觀眾能回答問題，就可以注視他，用眼神示意他。

你還可以在停頓時注視幾位觀眾，給大家思考的時間。觀眾恍神時、說話時，演講則也可以用「點殺」把他的注意力拉回來。

「點殺」的眼神一定要堅定而自信，因為這不僅是給觀眾的肯定和尊重，也是對自己的自信。不過，「點殺」的時間不宜過長，這樣既不尊重觀眾，也會給對方無形的壓力。

二、掃視

電影中，那些戰場上的名將，都有橫掃千軍的氣勢，手中的武器一掃，四周就倒下一大片敵人。

掃視也是演講者征服觀眾的武器。掃視就是從左到右、從前往後地與觀眾進行全方位的視線接觸，掃視一般以 S 型的方式進行。

掃視觀眾的目的是和所有觀眾進行眼神交流，讓每個觀眾都感受到演講者的重視。而且，你也可以透過掃視檢查觀眾的傾聽狀態，以便即使拉回觀眾的注意力。掃視的動作應該是從容不迫的，如果動作過快，就會給人敷衍了事的感覺。

三、環視

環視，就是弧形掃視全場，視線的軌跡最終形成一個環。這種方式也可以被稱為「環視一周」，環視的範圍要覆蓋到整個會場和所有觀眾。

當演講者站上講臺時，就應該先環視一周，用眼神告訴在場的觀眾：「我來了！請大家安靜！」

環視適合運用在大場面，和感情比較充沛深遠的時刻。但是，環視不宜太頻繁，以免造成不自然、做作的感覺。環視全場時，應該有適當的停頓和過渡性動作，如果眼睛轉地太快，觀眾就會覺得你不夠專業、不夠穩重。

四、虛視

虛視，就是「目中無人」，看起來好像在看某個地方、某個人，實際上卻什麼也沒看。但是，什麼都不看，並不代表不重視觀眾，演講者要時刻把觀眾裝在心裡。虛視，是一種過渡性的眼神，也是情緒轉換時的眼神交流方式。

演講新手上臺時，為了緩解緊張情緒，可以運用虛視的技巧。不過在運用虛視時，最好平視前方，不要東張西望，身體和頭部保持端正，不要晃動，也不要看天花板和地板，也不要流露出慌張的情緒。

演講中，回憶過去或描述某個特定場景時，也可以運用虛視。比如，在回憶童年的快樂時光，或者描述親歷的某個事件時。

表現憤怒、悲傷、懷疑等情緒時。也可以不用直視觀眾，不與觀眾進行眼神接觸，而是用虛視把自己沉浸在某種思想和情緒中。

五、直視

直視，是一種最常見的眼神技巧，也可以被稱為前視。直視時，演講者的視線要平直向前，聚集在觀眾席的中軸線區域，並同時兼顧兩旁，最後視線落在最後一排觀眾的頭頂上。要注意的是，直視並不是直愣愣地向前看，而是弧形向前的。

直視可以讓每位觀眾都產生「他／她在對我講話」的錯覺，讓觀眾的精神更集中。直視還可以讓演講者保持住端正挺拔的姿態。演講者在直視觀眾時，實際上也是在觀察觀眾的情緒和狀態。

直視的動作幅度較小，適合在講較為嚴肅、情緒起伏不大的話題時運用。

六、仰視和俯視

仰視就是頭部向上，看向會場的天花板或上空。仰視可以在表達膜拜、敬仰、羨慕、尊敬、憧憬的情感時使用。有時候，演講者在思考、回憶或撒嬌時，也要運用到仰視。

俯視，就是向下看，居高臨下地把視線投向下方。演講者在指導或教誨晚輩、表達憂鬱的情緒，或者表現壓力和疑問時，以及道歉、遺憾、後悔時，都可以運用俯視。

眼神的運用，是演講的基本技巧。眼神可以充分表達一個人的內心世界，可以傳達一個人的情緒。眼神中包含的訊息是如此的複雜而微妙，如果演講者能充分運用眼神技巧，將會大大提升自己的舞臺魅力！

有的眼神欲語還休，有的眼神直白犀利，恰當的眼神不但能夠調節演講氛圍，還能準確表達演講者的情感，向觀眾傳遞特定的訊息。可以說，眼神也是一門語言！

若演講者能夠掌握這門「語言」，巧妙運用傳情眼神，就能在演講中秒殺全場！

◆得體的舉止，讓魅力倍增

大家都很羨慕銷講家在講臺上風度翩翩、揮灑自如的風姿，他們不僅有眉目傳神的眼神、充滿魅力的話語，還有瀟灑的肢體語言，這所有的一切都構成了銷講家的魅力。在這一節中，我要和大家分享銷講中的肢體語言。

銷講家給聽眾的初印象應該是演說時收放自如的姿勢。或許在日常生活中，我們留給他人的印象是猶豫不決、規行矩步的類型，但如果要站在講臺上面對無數聆聽者時，就得一改往昔作風。首先，我們就要使身體呈放鬆狀態，避免神經緊張。如果我們克制不住緊張的情緒，就不會在演說現場發揮好的水準，甚至貽笑大方。

所以，要想做好一個出色的銷講家，首先要學會控制好你的姿勢，只有控制好自己的姿勢，才能幫助我們在講臺上抑制住慌張的情緒，從而演講的過程中掌握好演講節奏。

一、摒棄小動作，時刻保持敏銳

以我自己為例，我至今已演講了近千場銷講，現場直接聽眾超過幾十萬人，曾被媒體冠以「亞洲超級演說家」的榮稱，這都是為自己透過不斷的實踐經驗取得的戰果。所以我首先要告訴大家的是：我們在講臺上演講時，一定要學會摒棄無用的小動作。例如：摸鼻子、站立不穩、手臂發抖等等。如果你是一個容易緊張的人，可以嘗試將雙手自然放在兩膝上，用指甲按住另一隻手的手掌心，這樣可以幫助我們轉移注意力，保持鎮靜。正如亞里斯多德所言：一個人身體姿勢上，一切過多的無意義的舉動，皆足以表示一個人的淺薄、輕浮、膽怯或者狂妄。

在演講的過程中我們還需時時保持敏銳，你需要有一雙洞察先機的眼睛，能敏銳察覺自己給他人的印象，才能及時控場避免失誤。除此以外，我們還要留意別人聽完我們演講後的表情和回饋，這樣才能在已有的演說水準上有效進行調整，方便我們在外界建立正面形象。

二、調整站姿

不要小看身體姿勢帶來的影響，一個端正筆挺的姿勢代表了一個人的內外涵養，特別是演說家，演說家沒有坐著進行演說的道理。所以，站姿與站位對演說家是非常重要的，那麼，怎樣調整我們的站姿呢？

①站的姿勢

站的姿勢通常分為三種：稍息式、前進式、自然式。

- ☼ 稍息式：我們在站的過程中一隻腳往前邁半步，另一隻腳站立不動。兩腳跟相距 12cm，腳與腳之間呈 75 度夾角。（此姿勢適用於短時間站姿，不適合長時間站姿，否則會帶給觀眾不嚴謹的印象）
- ☼ 前進式：我們將左腳放在後面，右腳放在前面，把前腳指尖朝向正前方（或者向外傾斜）。腳跟距離保持在 10 到 15cm 之間，兩隻腳延長線夾角呈 45 度。
- ☼ 自然式：我們將雙腳分開站立，保持平行相距和肩膀同寬 20cm。

②站的位置

說到站的位置，在一般情況下我們演說家都會站在舞臺的正中間，因為這樣才能使全場不同方位的觀眾清楚地看到我們，我們也能環視全場，盡可能的注意到眾多聽眾的情緒。

不僅如此，我們演說者選擇站的位置還要對準燈光，使頭頂上的光束打到身上才有聚光效果，方便臺下觀眾準確的找到我們的位置，看清我們演說時的動作。

所以，正確的站姿是每一個演說家都要學會的基本技巧，它可以有效地提高我們演說時的發音及狀態。

三、調整手勢

利用手勢表達情感是演說過程中不可或缺的部分。如果你在演講過程中能合理運用手勢，那你的演說就相當於成功了一半。我們常會看到不同的演說家在講話的過程中用到手勢，其實，手勢也有不同的含義。比如：手向後、向下、向外則表示鄙視、批評、否決等含義；而手向前、向上、向內則表示積極、希冀、認可等正面隱喻。雙手攤開代表束手無策，雙拳緊握代表憤怒、宣誓，揮揮手則表示不在乎，鄙視等情緒。

有演說家稱：「手勢是另一種穿透人心的語言。」確實如此，當演說者在渲染情緒的同時，透過手勢表達內心所想時，觀眾會更投入於演說家的情景之中。但手勢也不是唯一的動作，我們的頭部和雙腳，包括我們的身體都是可以進行動作變換的。為了達到演說效果，演說者可以透過沉重的腳步表達此刻凝重的心情，也可以透過身體的前俯後仰可以表示喜悅或生氣的狀態，頭部的低垂或微揚可以表示沮喪或愉悅的心情。

我們在演說的過程中運用手勢是為了更好的發揮演說效果，注重於由心而發的真實感受，而不是生硬地去照搬動作，不然只能是誇誇其談。

經常有人問我，手有沒有指定擺放的位置呢？有的。我們運用手勢時，最注意的是要動作自然。有的演說者喜歡將手插在口袋裡，這是非常不尊重聽眾的表現，自己也會在演說過程中受到拘束。

希望大家記住，手勢展示的次數需要根據演說內容進行調節，如果手勢展露的次數多了也會適得其反，顯得分外滑稽。或許有人認為手勢多就一定能讓觀眾更信服，其實這是錯誤的想法，太過頻繁的手勢只會讓觀眾不明就裡，還會讓自己看起來慌張可笑。

所以，好的手勢是根據內心的情感自然而發的，如果在演說的過程中手勢不斷且毫無感情，那麼等到散場，觀眾也所留不多了吧。詹姆斯曾說：「不要以為把手呆板著不動是可笑的，世界上最可笑的是說話時無節制地揮動手。」

如何調整手勢呢？我為大家介紹下面十種方法：

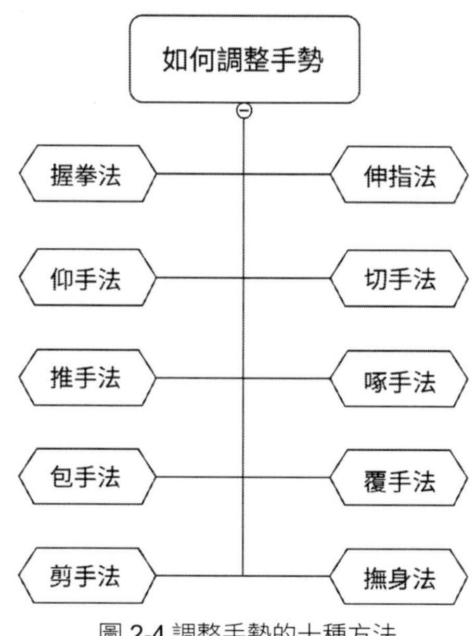

圖 2-4 調整手勢的十種方法

①握拳法

握拳式顧名思義就是將五指收攏，握緊我們的拳頭。握拳式表達的情緒是多面化的，比如它可以表示：激動、堅定、威脅、怨恨，憧憬等等。

有的演說家一站到臺上就光芒萬丈，說起話來條條有理，令人信服。而有的演說家演講時卻死氣沉沉，找不到頭緒，這就是兩者言談舉止間的差異。可以說是身體語言和自身形象的不足，所以體面的形象和好的肢體語言是取勝的關鍵。

②伸指法

伸指式就是將手指向上。比如我們伸起拇指代表的是對某人的誇讚；很多手指一起伸出來則代表某物的數量或者類比；伸出食指則是專職代某事或是一種提醒等。

③仰手法

仰手式將手掌心朝上，手舉高表示歡呼讚嘆，也可以表示乞求或致歉。手攤平則表示徵求眾人意見，手放低則表示希望平息爭吵等意。

④切手法

切手式即將手掌攤開且手指呈合攏狀態，如一把刀直直揮下，這個動作表示決絕、不含糊、直截了當等。

⑤推手法

推手式即手指朝上合攏，掌心朝外大力推出。這種手勢氣場極大，代表力排眾議的決心，展現了決然的氣勢。

⑥啄手法

啄手式就是五指合攏成圓錐形，指頭對著聽眾，頗有指示的意味，也暗含了蔑視和威脅，一般情況下用於和演說者相關的方面。

⑦包手法

包手式就是將五個指頭的指尖相碰且朝上，如收緊了開口的袋子一樣。這樣的手勢經常用於討論問題或闡明觀點時所用。

⑧覆手法

覆手式就是把掌心朝下，手指狀態同上，這意味著演說者要安撫聽者情緒，調整好場內秩序等；也含有反駁的意思。

⑨剪手法

剪手式即雙手掌心朝下，隨即左右手同時分開。這種手勢意味著堅定拒絕，也可用於演說者話題中排除的選項或語句。

⑩撫身法

撫身式就是用手碰觸自己身體的一個部位。例如：雙手扶額表示難過或思考；雙手叉腰表示盛氣凌人或洋洋自得；用手捂心臟可以表示心痛或生悶氣等等。

◆沒有扎實的「表面功夫」，怎麼做銷講？

銷講者的穿戴打扮、精神面貌和臉部表情是銷講魅力中非常重要的一部分，它們是一場銷講的「表面功夫」。只有把這些「表面功夫」做到家，銷講才能吸引聽眾，達到銷講的目的。換位思考一下，如果我們是觀眾，正準備聆聽一場銷講，而臺上的銷講者衣著邋遢，精神萎靡不振，臉上也沒有一絲笑容，我們還有興趣聽下去嗎？

況且，保持整潔的儀表、親切的笑容，和積極的精神面貌是銷講者對聽眾的尊重，也是對自己的尊重。在我多年的銷講生涯中，每次站上講臺前，我都會仔細檢查自己的服裝和儀表，提醒自己面帶笑容，並以最飽滿的熱情面對所有的聽眾，因為，我熱愛銷講，愛上舞臺，也熱愛我的每一位觀眾。

身為一位銷講者，我們在銷講時，要注意自己的服裝和臉部表情，還要調整好自己的心理，讓自己達到最佳狀態。服飾穿著也是銷講者必須要注意的一道關卡，得體大方的服裝能夠讓聽眾留下一個好的印象，也是銷講者專業程度的展現。

一、銷講者的穿著要大方整潔

對於大部分的銷講活動而言，銷講者的服裝只要大方、乾淨、整潔、樸素即可，但要，如果細究起來，就會有許多值得探討和學習的地方了。

在一個正式的銷講場合，銷講者必須穿正裝。傳統的正裝有西裝、中山裝、套裝等等。在穿著正裝時，需要把握以下幾個原則：

圖 2-5 銷講著裝五大原則

① 有領原則

這條原則是指正裝必須要有領子，正裝中衣服的領子通常是有領襯衫。T 恤、運動衫這一類衣服沒有領子，通常不能成為正裝。

②三色原則

通俗來講就是身上穿的衣服顏色不能超過 3 種，可以把顏色非常接近的色彩視為一種。顏色太多會顯得輕浮，不成熟穩重。

③皮鞋原則

穿正裝一定要搭配皮鞋，切忌不能搭配布鞋、運動鞋、休閒鞋、拖鞋等等。綁帶的皮鞋是經典款式，永久不會過時。隨著社會的發展，還有那些沒有鞋帶的皮鞋也漸漸成為主流。

最常見的女士正裝是西裝套裝，也要注意服飾顏色的搭配，襯衫、鞋子顏色最好樸素簡單，不要選用大紅大紫的顏色，那樣會顯得很浮誇。女士正裝的高跟鞋選擇最好是 3 到 4 公分的高跟，不要露出腳趾。

④鈕釦原則

必須穿有鈕扣的正裝，帶有拉鍊的服裝通常不作為正裝，有人喜歡在銷講時穿較莊重的拉鍊夾克，嚴格意義上來講，這也不能算作是正裝。

⑤皮帶原則

男士穿的長褲必須要搭配皮帶，不能穿那種帶有鬆緊的運動褲或者休閒褲，牛仔褲也不可以。如果銷講者穿的西褲不用皮帶就顯得很規矩，那只能說明這條西褲的腰圍是不合適的。我從多次親身經驗總結出一點：皮帶對於男人的作用與手錶同樣重要。

除了大方得體的服裝，我們還要有親切自然的臉部表情，臉部表情與銷講內容相呼應，可以增強銷講的感染力。下面，一起來看看，如何在銷講中調整和運用臉部表情吧！

二、微笑是最好的臉部表情

銷講者在講臺上不能面無表情，否則銷講效果會大打折扣。我們很多人都有這種體驗，有的銷講者一上臺，就會吸引全場聽眾的關注，但有的人一上臺，氣氛立刻變得壓抑，也無法吸引觀眾的注意力。這是因為每個銷講者的親和力都不同。親和力通常都是透過臉部表情來傳達的。

人可以透過臉部表情來傳達自己的喜怒哀樂，做出各式各樣複雜的臉部表情。臉部表情也可以刺激人產生某種良好的內心感觸，臉部表情和內心情感兩者相互作用，最終會給別人展示一種恰當到位的訊息。

以下是我總結的常見的臉部表情：

① 快樂的表情

嘴巴張開，嘴角向上，雙眼瞇縫，臉部肌肉向上提升。

② 悲哀的表情

嘴唇微張或緊抿，雙目低垂，臉部肌肉鬆弛。

③ 喜悅的表情

嘴角自然向上，目光愉快而明亮，臉部肌肉放鬆。

④ 憤怒的表情

嘴角緊繃而且向下，眼睛睜大，臉部肌肉緊繃。

⑤ 堅定的表情

嘴唇緊閉，目光堅定有神，臉部肌肉微微緊繃。

⑥ 驚訝的表情

雙目大張，嘴唇微張，臉部肌肉收縮。

在諸多的臉部表情中，最常見，運用最廣泛的就是微笑了。經常微笑的人通常會給人很好的印象，也是具有很高的親和力。那麼，做出微笑的臉部表情時我們需要掌握哪些細節呢？日本推銷之神原一平曾經這麼說：「有一種微笑，是男女老少通吃的微笑，只要見到這種微笑的人，都無法再抗拒，這種微笑就是 —— 嬰兒般的微笑！」

真正成功的銷講是要用情緒來交流的。銷講者透過對聽眾情緒的感染，來傳達一些無法用語言表述的東西，獲取聽眾的理解和支持。微笑是最能感染人的表情，是溝通中至關重要的法寶。

三、把自己的情緒調整到最佳狀態

「銷講需要強大的勇氣」，這種勇氣能夠讓我們在銷講的時候保持一個平靜的心態和情緒，只要自信滿滿、擊敗恐懼感，做好充分的準備，以一個積極熱情飽滿的情緒面對聽眾。要做好這一點，銷講者需要在銷講開始前做好下面三個方面的準備：

圖 2-6 銷講開場前的情緒調整

①保持高漲的熱情登臺

在銷講前一定要把自己的情緒狀態調整到最好，保持高度集中的注意力和高漲的熱情上臺。一個充滿了感情的演說者，常常使聽眾和他一起感動，哪怕他所說的什麼內容都沒有。因為，高漲熱情的情緒也能夠感染聽眾，吸引聽眾的注意力。所以，我們在登臺之前，務必要調整好自己的精神狀態，讓聽眾留下不可磨滅的印象，這樣達到的銷講效果也是事半功倍的。

②重視與聽眾之間的交流

銷講是一個銷講師與聽眾之間的雙向互動的過程，因而，銷講者從銷講開始就要注意觀察聽眾的情緒動態，隨時掌握聽眾回饋的內容，並根據聽眾的回饋及時調整銷講的結構和內容，只有這樣，才算得上是一場適時的、成功的銷講。

無論銷講者有著多麼高的水準，知識框架多麼完整、閱歷多麼豐富，千萬不能把自己的位置擺在高於聽眾水準之上處，銷講者要把聽眾當做是自己的一個朋友，娓娓道來，闡述想要表達的內容，以達到預期效果。

③克服膽怯心理

相信每個人都有過怯場的時候，有很多的演說家在第一次登臺銷講的時候都會高度緊張，兩腿發軟。古羅馬的雄辯

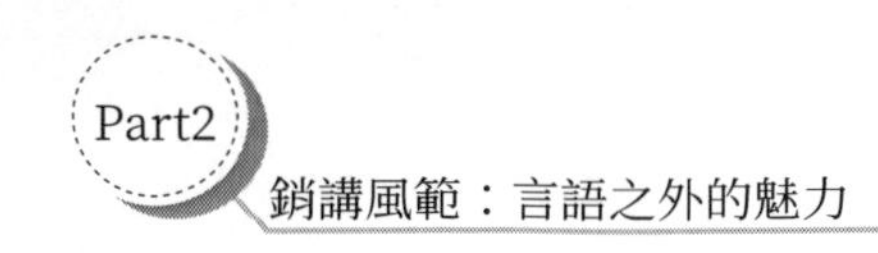

家西塞羅（Marcus Tullius Cicero）曾經在一次演講中袒露自己的經歷：「剛開始演講的時候，我就感覺到自己整個人都在顫抖，臉色蒼白，四肢無力。」但是最後他成為了一名優秀的演說家。從膽怯到自信，每個人成功的銷講者都會經歷這個階段，只要能夠克服自己的膽怯心理，勇敢上臺，你就已經邁出了很大一步，離成功更近了。

臉部表情、服裝、情緒狀態這三者對銷講來說非常重要，臉部表情展現銷講者的內心世界，服裝展現銷講者的專業度和個人魅力，情緒狀態則影響著銷講的最終效果，所以，我們一定要引起重視，做好這三項「表面功夫」。

◆以聲音獲取聽眾的心

銷講是透過聲音傳播的，如何讓自己的聲音在銷講中被聽眾喜歡，是一個值得關注的問題。好的聲音不僅能提高銷講能力，還能增強說服力。所以，銷講者也要堅持不懈的練習抑揚頓挫的語調和洪亮清晰的發聲，出眾的口才必須依賴好聽的聲音，才能「捕獲」更多聽眾的心。

有震撼力的嗓音，往往能震撼全場，並將銷講者的自信表現出來，這樣的聲音充滿了能量和活力，讓聽眾覺得你闡述的觀點非常重要，並願意相信你說的。

一、發聲訓練

一切銷講的前提，都是發聲。再好的銷講技能也要透過發聲表現出來，發聲並不只是說出話語，而是由聲音和意義兩個元素組成的。好的聲音，不僅僅是將銷講內容清楚的表達出來，還能震撼全場，感染聽眾，讓銷講變得生動並富有藝術效果。

下面總結出幾個發聲小技巧，供大家參考。

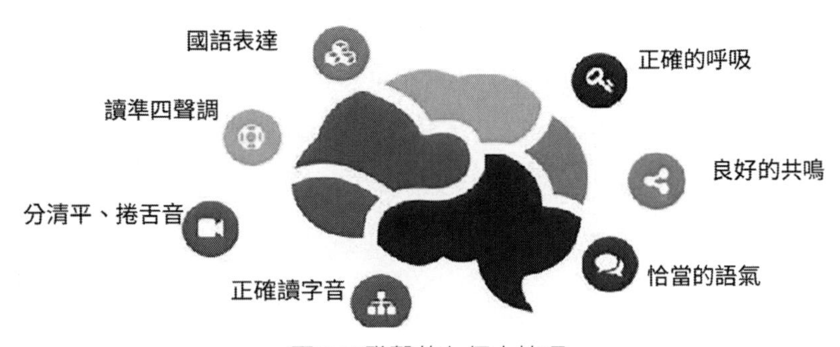

圖 2-7 發聲的七個小技巧

①用國語表達

國語是人與人在交流時最基本的語言，在平常交流溝通中，多說國語，讓自己的國語說的既標準又流利。

②分清平、捲舌音

很多人受臺灣國語影響，分不清「ㄓ、ㄔ、ㄕ」和「ㄗ、ㄘ、ㄙ」的讀音，我們平常可以透過一些繞口令或有針對性的詞語來練習平、捲舌音的發音。

③讀準四聲調

既然是國語，就離不開陰平、陽平、上聲、去聲這四個聲調，這是國語發音的基本特色，牢牢掌握是關鍵，平常可以多多練習這四個聲調的詞語。

④正確讀字音

在銷講過程中，如果出現讀音錯誤，不僅會被嘲笑，還會有損我們的專業形象。為了避免這種尷尬局面的發生，平時可以多讀書、多學習，還要精準的掌握每一個漢字的標準讀音。在開講前，一定要審視一下銷講稿，看看裡面有沒有讓自己模稜兩可的讀音，並透過查字典，來規範自己的讀音。

⑤恰當的語氣

一個人的語氣，常常能表達出一個人的情緒和態度，不同的聲音語氣表達的思想感情也是不一樣的，所以在銷講的時候，語氣不對，就會讓聽眾誤認為你的態度和情感有欠缺。這時候你就學會調節氣息，表達愛和關懷的感情時，聲音就要溫柔和緩；表達憤怒和憎恨的感情時，聲音就急促有力，總之，我們要根據不同的情感，來調節適合的語氣。

⑥正確地呼吸

有很多銷講者講得時間長了，聲音就開始嘶啞，越到後面，聲音越是嘶啞的厲害，最後竟發展到聲嘶力竭的地步，讓銷講效果大打折扣。究其原因，就是沒有正確的呼吸方法。

什麼是正確的呼吸？就是腹式呼吸。方法是：兩肋向外擴充套件並提起，橫隔膜盡量住下壓，將小腹往裡收，這就是正確的吸氣；盡量將腹肌和橫膈膜進行收縮，將肺部空氣有規律的往外吐，這是正確的呼氣。

⑦良好的共鳴

在正確的呼吸基礎上，掌握良好的共鳴，可以美化銷講者的音色，並擴大他在銷講時的音量，還會傳達出富有情感的聲音。

二、語音訓練

什麼是語音？簡單來說，就是說話的聲音。我們透過發音器官的運動發出的高低、長短、強弱各不相同的聲音，就

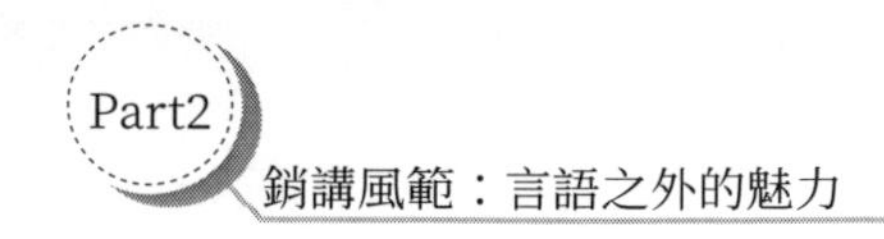

是所謂的語音。語音的種類不會是固定的一種，會因為地域性、民族性等因素存在差異。

只有進行準確無誤的清晰表達，才能讓有效訊息被對方及時接收到，說的一方，要準確表達；聽的一方，要具備高效的理解能力。所以，做好語音方面的訓練非常重要。

首先，我們必須掌握準確的發音方法，語音並不是單純地動動嘴巴，他是人體發聲器官運動的最終結果，發音是由口、鼻、喉、咽、胸共同完成的。在國語中，每個音速都有固定的發音方法，所以，我們在練習國語發音的時候，一定要區分每個音素的發音特點，學習正確的發音方法，避免讓臺灣國語影響了我們正確的發音。

用乾脆俐落的口語進行訊息傳達，在發音的時候，每個字都要清晰明瞭，避免含糊不清。我們在銷講的時候，由於吐字時間短，無法完整徹底地發出每個音素，所以我們在發音時，應該盡量將口型落在每個字韻母的母音上，做到開頭有力，中段飽滿、尾部和緩，這樣一來，整個音節才會顯得乾脆俐落。

除此之外，聲調的準確性也不可忽視，基於漢語音節少而同音字多的特點，用聲調來辨別這些同音字很關鍵。我們在表達的過程中，要控制聲調的準確性，這樣才能表達出真正的內容。

除了乾脆俐落的表達之外，我們還要進行口齒的訓練。銷講過程中，吐字含混不清或被迫中斷的狀況，都是由於口齒不夠靈活造成的。連續發音時，舌尖、舌面、舌根和嘴唇要交替用力，做出不同幅度的開合運動來控制氣流、幫助發音。

我們可以透過朗讀的方式來鍛鍊口齒的靈活性，只要堅持不懈，就會讓自己口齒越來越靈活。發聲時運用正確的姿勢也很重要，人的整體要自然伸直，放鬆胸肌，用力適中，讓氣流通暢直行，達到良好的共鳴效果，使語言富有魅力。

三、適當停頓

每個銷講者都不能忽視「停頓」的重要性，有效的停頓可以增強感染力。停頓盡量選擇在重要片語的前面和後面停頓，這樣能造成提示聽眾的作用，在停頓的過程中，我們可以判斷聽眾是否接受到我們傳遞出去的訊息，同時也預留了消化的時間給聽眾，為彼此之間的交流造成了推動作用。

有效的停頓可以讓我們的在銷講的時候收穫到以下幾種結果：

①能集中銷講者的思想能量

我們在講完一個重點後，停頓一兩秒種來觀察聽眾的反應，透過聽眾回饋過來的訊息來判斷自己講的內容是否被聽眾接收到，並做出相應的調整。或者在表達一種特殊效果的思想時，不妨在這句話開始前先停頓一下，能迅速聚集一種思想能量，這樣有助於我們後面的發揮。

②能更好地讓聽眾接收訊息

我們在銷講的過程中，稍微停頓一下，不僅能讓聽眾的注意力得到片刻的休息，而且能讓後面的銷講內容更有力量。

為什麼這麼說呢？舉個例子，我們坐火車的時候，最初的時候，總是被火車轟隆隆的聲音吸引，但是過了一段時間後，我們就會忘記火車的轟隆聲，如果火車現在停下來後再開，我們又會被這個聲音影響到。同樣，銷講也需要停頓一下，再繼續銷講的時候，人們接收訊息的願望會更強烈。

③能製造有效的懸念

每個人都有好奇心，所以在銷講的時候製造一些懸念可大大提升聽眾的興趣，當懸念丟擲過來後，如果立刻揭開，那就失去的懸念的意義，這個時候，不妨停頓一下，看看聽眾們的反應，保持短暫神祕感後再解開，這樣不僅能讓聽眾注意力被集中，而且造成了烘托現場氣氛的作用。

好的聲音能使銷講造成事倍功半的作用，在銷講的時候，我們的發音應該準確、流利、自然並富有感情，切忌發音不穩或吐字不清，這就要求我們必須堅持不懈訓練自己的發音，立求讓自己的聲音在銷講中呈現出最完美的狀態。

Part3
給貼上自己一個有特色的標籤

沒有個人標籤的銷講者注定會被埋沒，因為他始終無法讓聽眾留下深刻的印象。所以每個優秀的銷講者都應該找到屬於自己的銷講風格，並用風格樹立形象，優化自己的人設，為自己貼上一個獨特的標籤。個人標籤是影響力和價值的展現，有了個人標籤，才能夠在人群中閃閃發光。

◆打造獨一無二的銷講風格，塑造個人品牌

每個銷講者都有自己的銷講風格，有的人慷慨激昂，氣勢如虹；有的人娓娓道來，潤物無聲；有的人喜歡講故事，用真摯的情感打動聽眾；有的人喜歡思辨，用深邃的思想令聽眾折服；有的人嚴肅穩重，有的人詼諧幽默。不同風格的銷講者，帶給聽眾的感受不盡相同，在聽眾心目中的形象也各有區別。

所有的銷講高手，都擁有獨特而鮮明的銷講風格，提起賈伯斯（Steven Paul Jobs）的銷講，我們都會想到他那生動的語言和極簡風格的PPT，馬雲的銷講十分幽默風趣等等，這些高手們獨樹一幟的銷講風格，在我們的腦海中留下了深刻的印象，他們的個人品性也由此建立。

銷講風格，就是銷講者的個人標籤，只有找到標籤，才能樹立自己的個人形象，建立自己的個人品牌。那麼，我們應該如何找到自己的銷講風格呢？首先，來了解一下什麼是銷講風格。

一、什麼是銷講風格

① 銷講風格四種類型

銷講風格就是銷講者在銷講時表現出來的獨一無二的與眾不同的特徵。從宏觀方面來看，主流的銷講風格有以下四種類型：

圖 3-1 銷講風格的四種類型

第一種風格：風趣幽默型

對比前面兩種類型的銷講風格，幽默風趣型的銷講者更受到聽眾的歡迎，因為聽眾能夠更多地感受到輕鬆愉悅，從銷講者的語言、肢體動作、神情上受到啟發。

很多銷講者也把這種風格作為自己的職業理想狀態，能夠在臺上展現出自己幽默風趣、積極樂觀的一面。同時，這也是一種心態淡然和從容的展現，是擁有著高度自信，充分把握銷講主題的展現。

第二種風格：激情型

很多人在聽別人銷講時都會遇到這類風格的銷講師，剛開始，這類銷講師會激動興奮地在講臺上介紹自己，說一段流利的開場白；整個銷講過程中始終保持著高昂的情緒，在臺上熱情澎湃、做著幅度大、速度快的動作，時而還會振臂高呼。

這就是激情式的的銷講風格，這類風格的銷講師往往能夠將現場的氣氛調動起來，給聽眾一種積極向上的感覺。不過凡事有利就有弊。如果銷講者在全程中都是這樣的激情澎湃、富有活力，對銷講者的體力要求會很高，一般的銷講者可能會精疲力竭。聽眾也會產生審美疲勞，在後期逐漸失去好奇心。

就像我們在聽歌的時候，所有的歌曲都有起伏變動，或高昂，或低緩，或激情，或舒暢，富有節奏變化的歌曲往往能夠帶給我們更大的情感衝擊。所以這種激情式的銷講風格要適時選擇，不能盲目跟風。

第三種風格：平和型

與前文中提到的激情型形成鮮明對比的是平和類型的銷

講者。這類銷講者不會站在臺上大聲喊叫，也沒有誇張的動作和大幅度的變化。平和型風格的銷講者都能夠控制自己說話的語速、音調和音量，表現得溫文爾雅、平易近人。動作也顯得很平靜，不會快速變化。

這一類銷講者進行銷講時，聽眾也會覺得很安靜，內心平靜沒有什麼波瀾起伏，整體給人的感覺是比較好的。但是同樣的，也存在著缺點，比方說一旦銷講的時間較長，聽眾會感到疲倦，甚至會睡著。這是因為平和型風格的銷講者缺乏靈動性，帶給聽眾的影響太微小。所以這類風格的銷講者要注意在銷講過程中加入幽默、激情或者其他種類的銷講風格，以便達到良好的銷講效果。

第四種風格：深情型

最後一種類型的銷講風格，我們把它叫做深情型，這類銷講師最擅長營造一種氣氛，上臺後會把音量控制得比較小，聲音低沉，語速緩慢，動作柔和，相反設法把聽眾的內心情感聚焦到一點，讓每個聽眾都陷入一種預先設定好的思緒當中去。

深情型銷講風格能夠迅速讓銷講者流露出自己的真實想法，然後去感受、理解和包容，最終使得銷講者和聽眾建立起一個無障礙的交流管道。

這是目前比較主流的四種銷講風格，分別是激情型、平和型、幽默型和深情型。通常來說，這四類銷講風格會被銷講者摻雜使用，而不是單個獨立的存在，只有這樣才能帶給聽眾良好的體驗效果。

在我漫長的銷講職業生涯中，我應用最多的銷講類型是激情型，在我曾經銷講的場合，幾乎是每一位的聽眾的情緒都會被我完全調動起來；近年來我的銷講風格變作以平和型風格為主，附加深情、幽默、激情等風格，強調一種多元化形式的展現，所以聽我銷講的朋友會發現，我的銷講過程時而飽含情感、時而幽默風趣、時而慷慨激昂，這些都是認真仔細設計的結果，多加訓練，你也可以達到這種層次！

②銷講風格的構成元素

銷講師的銷講風格，是由以下三種因素決定的：銷講內容結構的設計，切入故事的方式，銷講者的舞臺表演風格。這幾點因素在本書其他章節中都有所涉及，我就不再贅述。只要將這些元素融合消化為自己特質的一部分，就可以形成自己獨特的銷講風格。

③人人能找到自己的銷講風格

不同的人有著不同的特徵、性格和背景，做到完全融合所有元素是很困難的一件事。有人天生就擅長幽默，有人自帶親和力，有人擅長講故事，有人思辨能力強，能迅速做出回應。其實，不用羨慕別人，只要你根據自己擅長的領域，多加練習，就能找到屬於自己的獨一無二的風格。

有人可能會說：「只有那些特別高級的銷講者才具有自己獨特風格啊，我就是不是一個銷講高手！」不要擔心，這本書的初衷就是把你培養成銷講高手。

二、尋找自己銷講風格的方法

找到自己的銷講風格不是在短時間內就能夠實現的，但是，你可以掌握以下三點，不斷在實踐中練習，就會形成屬於自己的銷講風格。

圖 3-2 尋找銷講風格的三大策略

①揚長避短

第一點就是懂得展示自己的優勢，隱藏自己的缺點，每個人都有自己擅長的領域，不要拿自己的缺點去和別人的優點比較，銷講者更應該做到這一點。

銷講者應該對自己的個性特徵做一個全面的了解，明確自己的優勢，利用優勢彌補缺點，遮蓋不足。

那麼，哪些細節可以幫助你成為一個有獨特風格的銷講者呢？千萬不要以為只要能說會道就可以。這個優勢可能不起眼，但是你要盡量做到最完美地呈現出來，比方說雄厚的嗓音，高大帥氣的外貌，甚至可以是你超級好的記憶了。這些都可以展示出來，讓它成為你獨特銷講風格的一部分。

所以說，不必刻意地去模仿哪位著名銷講家，你需要做的是在銷講前進行一個精心細緻的準備，將自已所有的優勢盡可能完全展現出來，然後把觀眾對你的所有建議或者意見都記錄下來，以便以後學習改進。時間長了，你就會發現自己在銷講時擅長的地方和需要改進的地方具體在哪裡了？

在確定自己的優點和缺點以後，優勢當然要盡可能的發揮出來，但是缺點應當如何規避和改進呢？向大家介紹四種揚長避短方法：

第一種，話很多，沒有邏輯思維的銷講者要多借助大的框架圖和結構圖，不斷提醒自己不要偏離主題，言歸正傳。

第二種，那些不具備感染力、不擅長表演的銷講者，需要在銷講內容上做到盡善盡美，比方用精彩的短影片，精緻的幻燈片來吸引粉絲的注意力。

第三種，顏值不高的銷講者，就需要在服飾造型上來提升自己。我個人的意見是，多穿正裝，至少要看起來比聽眾更加正式。只要穿著正式，就會降低聽眾對於銷講者外貌的注意，提高銷講者權威。

第四種，不擅長與觀眾互動，人生經歷相對平淡的銷講者銷講前需要收集大量的傑出人物、各類名人的精彩故事。利用名人軼事來為自己的銷講潤色。

②表述清晰的價值觀

講完了打造個人獨特銷講特徵的第一個要點：揚長避短，接下來進入到第二點：在任何一場銷講中都能夠向聽眾闡述一條清晰的價值觀。

可能有人會感到疑惑，銷講風格就是銷講者是否具有感染力、是否有爆發力、是否幽默的各類綜合，和價值觀的灌輸有何關聯呢？其實，那些是不具有深度的銷講風格的表現，只停留在表面。

為什麼賈伯斯的銷講風格你永遠學不來？那是因為他的銷講風格不完全展現在他穿的牛仔褲、黑色圓領和他使用的極簡風幻燈片上，而是他在銷講過程中不斷折射出來的蘋果公司的價值觀。

銷講中最重要的就是內容，銷講實質上就是一種價值觀的傳達和交流。銷講者的風格和他在銷講時輸出的價值觀緊密連繫。既然如此，那麼應該如何在銷講中做到清楚價值觀的傳達呢？我們來看看這個例子：

從傳統的觀點來看，他的銷講，完全不具備受人歡迎的特質。他說話時語言口語化嚴重，語言也不標準，肢體動作單一，總喜歡把手背過去，深情目光從來不會變化，穿著也是意見簡單的深色短袖襯衫，身後的大螢幕都是一貫的深色系。這些對於銷講者來說都是大忌，而且他的銷講總是會超時。

你不禁會感到好奇，他憑什麼被人喜歡呢？

答案就是，他的銷講中一直都傳遞著他一直擁有的價值觀，這種亙古不變的價值觀是他銷講的主要內容。是他具有啟發性、有號召力、幽默的銷講風格背後的支柱。

比方，他說過：「透過乾乾淨淨賺錢讓人相信乾乾淨淨地賺錢是可能的；透過實現理想讓人相信實現理想是可能的；透過改變世界讓人相信改變世界是可能的。」

與此同時，他還用自己的行為去證明自己的言論，真正做到了知行合一，比如，他所有的設計素材都是從國外購買的正品，公司用於辦公的 Windows 軟體或者蘋果系統都是透過正規管道購買的，在他的發布會，不會為媒體提供車馬費和紅包，全公司上下只有一套帳目……所以他就是銷講中輸出價值觀的榜樣。

③真誠面對聽眾

除了前面提到的兩個方法，打造個人獨特的銷講風格還需要注意第三個要點，那就是真誠，這一點應該貫徹整個銷講過程。

所有人都不喜歡虛偽的人，聽眾也是。虛偽的人不會成為一個好的銷講者。如果銷講者從本質上來說就是一個不真誠的人，那麼就算應用了所有的銷講技巧也無濟於事，有時反而會弄巧成拙。就算你在某一方面做的不到位，有所欠缺，真誠的心可以彌補這些缺憾。

保持真誠，是最難做到的，也是最易於做到的。當你還沒有打造出自己的銷講風格時，你可以首先保持真誠。那麼真誠究竟從哪些方面可以展現出來呢？一般來說，眼神、誠懇的語氣、微微前傾的身姿可以表示你的真誠。除了肢體語言和臉部表情，真誠還展現在你講故事的方式、銷講的目標等等方面。

當你願意在聽眾面前袒露自己的真實想法，塑造一個真實存在的形象給聽眾時，你就是在向聽眾展示你的真誠。當然了，你還可以在銷講過程中不遺餘力的展現你的個人魅力和個性特徵，打造你的影響力，找到更多忠實的粉絲和志同道合的朋友。

好的自我介紹，為形象加分

相信大家對自我介紹都不陌生，自我介紹聽起來好像很簡單，但想讓別人透過介紹瞬間記住你卻很難，如何提升他人對你的第一印象呢？這就需要運用一些小技巧了。

簡短精悍又不失風趣的自我介紹最容易打動聽眾。

越簡短精悍的自我介紹就越容易讓人記住，曾有人在我面前這樣介紹自己：「我來自 ×× 市 ×× 區 ×× 里，名叫×××。」這樣的自我介紹不但繁複，也很難讓他人留下深刻印象。

曾有人問我，什麼樣的介紹才叫簡短精悍呢？其實這就像泳衣，大家覺得是長泳衣穿著便捷還是短泳衣穿著便捷呢？毋庸置疑，肯定是短泳衣穿著便捷了。

幽默也是自我介紹中的一個加分項，聽者會被你詼諧的語言吸引，從而帶動整場的氣氛。當我們進行自我介紹時，幽默也是不可缺少的小環節。

如果你的自我介紹既可以簡短精悍，又可以風趣幽默，從整體來看，是還不錯，聽眾當時也許是記住了，但時日一長恐怕就忘記了。如果想讓觀眾牢牢的記住你，那，就要讓觀眾留下深刻的印象，讓他們過耳不忘。

如何把風趣幽默、短小精悍和記憶深刻這三元素融合在一起呢？我們在自我介紹中如何融合這三要素呢？為了方便大家學習操作，下面我給大家介紹十種自我介紹的小方法：

①方法一：故意調侃法

故意調侃法是指我們在某些特定的場合，以調侃自己的方式來向他人介紹自己。

②方法二；諧音法

由於我們會在不同的場合運用到自己的名字，所以我們要重視介紹它的方式。

③方法三：中英文顛倒

我在對別人進行自我介紹的時候說；「大家好，我的中文名叫東加文。」

然後再用英國人的腔調說：「我的英文名字是東加文。」

眾所周知，我的英文名字不可能叫東加文，我是故意引起一種幽默效果，吸引大家的注意才這麼說的。

④方法四：位置互換法

位置互換法即把名字裡的字調換位置，從而使人加深印象的自我介紹法。

案例一：李南雲

例如你的名字叫李南雲，你就可以這樣介紹自己：

「大家好，我叫李南雲，我喜歡風景如畫的雲南。」

⑤方法五：名字釋義法

釋義法即根據你名字的含義來進行解釋的自我介紹。

案例：錢萬

我有一個學員叫錢萬，有一次他問我：「老師，如果我獲得了一個獎項，需要在一個大型的頒獎典禮上進行自我介紹，要怎樣才能吸引別人的注意力呢？」

我告訴他這個自我介紹並不難，就幫他想了一段自我介紹：

「我有千萬個理想，但是我選擇了這個行業；我可以去千萬個地方，但是我選擇了這家公司；我有千萬的愛，但是我給了千萬個一路走來的朋友與夥伴」

「今天我取得公司千萬個信任，收穫了夥伴們千萬個掌聲，我想對千萬個支持我的人說聲謝謝你們，我是錢萬！」

分析環節：

在一個大型的頒獎典禮上進行自我介紹，時間肯定是很緊張的，但如果和上面案例這樣進行自我介紹，是不是又簡潔又容易讓人留下印象呢？

在上例自我介紹中，我一直運用諧音「千萬」對應他的名字「錢萬」進行語音表達，這樣的表達方式不但簡潔，還可以給觀眾留下了深刻的印象。

⑥方法六：故意重複法

故意重複法我在上文中也講過，比如我這樣進行自我介紹：「各位小夥伴，我的叫東加文，我的親戚朋友，我的父母和我的同事，都叫我東加文，謝謝大家！」

借用這種重複的腔調進行自我介紹，聽到的人會覺得你本身就叫東加文，難不成你爸媽和親戚朋友還叫你其他的名字？難不成你還叫張三李四？

利用這種故意重複的方法，聽眾會感到好奇，再從中達到一種幽默的效果。

⑦方法七：名人聯想法

名人聯想法即根據名人的名字來展開豐富聯想的自我介紹法。

案例一：周國榮

我有一個學員，他的名字叫周國榮，其實他的名字可以和多位明星連繫在一起，我為他設計了一個很簡短的自我介紹：「各位，請問你們喜歡周潤發嗎？」

「喜歡。」

「請問你們喜歡張國榮嗎？」

「喜歡。」

「我是他們的綜合體，我叫周國榮。」

這樣的自我介紹就非常創新，也可以帶給人較深的印象。

⑧方法八：場景聯想法

場景聯想法是讓聽眾透過這個人的名字聯想到一個場景，從而記住一個人。

案例：程群傑

假如你的名字叫程群傑，可以這樣介紹自己：

「大家好，我叫程群傑。如果你們去野外春遊看到一群燕子成群結隊，就可以想到我了，我叫程群傑。但是當你們看到一群豬的時候可別想到我啊。」

⑨方法九：「萬能法則」

萬能法則是什麼意思呢？

其實，「萬能法則」的意思就是任何人都可以用的，並且用完都有效果的法則。

例如我可以這樣做自我介紹：「我是東加文，東加文的東，東加文的加，東加文的文。」

如果名字叫李四，就可以說：「我是李四，李四的李，李四的四。」這種方法也很容易理解。

⑩方法十：故事聯想法

故事聯想法即說明名字的來源或者編一個關於名字的故事。

案例一：李冬月

我叫李冬月。據我爸爸回憶，我出生的那年，正好是在一個冬天的夜晚，那天晚上的月亮特別亮，於是爸爸就幫我取了這樣一個名字。

案例二：徐抗震

我叫徐抗震，震是地震的震。在我剛出生那年，家鄉忽然發生地震，連附近的山嶺都倒塌了。我爸爸為了救父老鄉親，加入救援的隊伍。於是，母親幫我取了這樣一個名字，讓我牢記過去，珍惜現在的美好生活。

令人印象深刻的自我介紹可以為銷講者的形象加分，同時也能為自己貼上一個獨特的標籤，因為，別出心裁的自我介紹對聽眾來說是一個記憶點，可以讓他們加深對銷講者的印象，這對於打造個人銷講品牌來說是十分有利的。從現在起，幫自己想一個特別的自我介紹吧！

◆從長處下手，優化人設

許多銷講者經常問我這些問題：

「我如何才能將自己的長處突顯在觀眾面前？」

「我如何在銷講這個舞臺上樹立自己的『人設』呢？」

「我如何透過樹立『人設』提高自己銷講的吸引力？」

……

面對這些提問，我總會根據自己演講的經驗給他們提出一些建議或意見。其實，這些問題總結起來，無非就是他們缺乏對自己的定位，也沒有給自己樹立核心的「人設」。現在，我就在本章節專門為大家分析「人設」方面的問題，以便解答大家心中的疑惑。

首先，我們一起來看看什麼是人設？

一、什麼是人設

所謂人設，其全稱為人物設定，是指我們生而為人在社會上存在的角色。在心理學上，人設被當做是一種「人格」，而在這裡，我將它作為人的一種「專屬標籤」，也就是現在娛樂圈明星慣用的「人設」。

在娛樂圈裡，人設就是對明星的設定，就是經紀公司、明星個人或粉絲賦予在他們身上的專屬標籤，比如霍建華被設定為「退休員工」人設、林志穎被設定為「年輕不會老」人設等等。

現在很多的明星都喜歡樹立自己的人設，因為只要他們人設樹立的好，就會特別容易獲得觀眾的喜歡，也特別容易吸粉。

所以，我認為，人設也可以適用於銷講者。

因為在大多數情況下，人設是吸引觀眾的第一印象，也是觀眾發現銷講者其他長處的敲門磚，甚至有的時候，它還是讓銷講者拓展自我的一個方向標。

因此，你如果想要在觀眾面前提升自己的吸引力，或在觀眾面前盡情地發揮自己的長處，那麼首先你應該要樹立自己的人設。

一般樹立人設要從自己的長處入手，才能長久使用。那麼，接下來，我再向大家介紹一下「發現自己的長處，並樹立人設」。

二、發現自己的長處，並樹立人設

古人說過：「黃金無足色，白璧有微瑕」，黃金、白璧尚無完美，何況我們人呢。但儘管我們沒有達到十全十美的程度，也還是要去正視自己的長處和短處，並努力挖掘自己的長處，從而拿來好好地運用，在適當的時候，將它展現出來。

所謂「天生我材必有用」，我相信大家都有屬於自己的長處的，比如你們當中，有的人幽默、有的人博學、有的人機智、有的人口才好等等。

比如，你要是博學的話，那麼你在進行銷講時，就要懂得充分運用這個長處，偶爾引經據典，旁徵博引，會讓觀眾對你的印象加分，漸漸的，你的這個博學形象就會成為你個人的人設。

身為銷講者，如果你已經有自己的長處，那麼就可以馬上用長處來為自己樹立人設。但是，如果你沒有長處呢？該怎麼辦？我的答案很簡單：那你現在就去培養一個技能，讓它成為你的長處，然後在合適的時機裡，展示你的這個長處，進而樹立人設。

總之，只有你給自己正確的定位，樹立正確的人設，才能在銷講臺上盡情地發揮所長，才能散發出吸引力，才能獲得觀眾的喜歡。

三、正確利用缺點，為人設「錦上添花」

如果你覺得自己的缺點毫無用處，那你就大錯特錯了，所謂「反其道而行之」，就是讓你懂得利用逆向思維來審視事物。所以，缺點也是有其積極正面的作用的。有時候，你適當地展現出缺點，反而會讓別人覺得你很親近，畢竟太過於完美的人，總顯得高不可攀、遙不可及，容易讓別人產生距離感。可見，在有些情況下，正確地利用缺點，反而能讓人設「錦上添花」，這也是銷講者應該要借鑑的好辦法。

所謂「不管黑貓白貓，只要抓到老鼠就是好貓」，就是說，不管你用哪種方式，什麼辦法，只要能為你的人設帶來幫助的，都是可以的。

四、人設可以產生積極的心理作用

樹立人設，有一個好處是顯而易見的，就是它可以讓人產生一種積極的心理作用。

樹立人設，可以為我們的銷講事業「添磚加瓦」，成為我們受到觀眾喜歡的有利「武器」。雖說人設是一把「雙刃劍」，但只要我們足夠聰明有智慧，就可以只讓它「殺」出一條血路來，而不會被它所累。

◆擁有個人標籤，做最好的自己

你想做一個什麼樣的人，就給自己貼上怎麼樣的標籤，然後再做與之相符合的人生規劃。

其實，這種自帶個人標籤的做法，和做品牌是一樣的，都是要明確區分自己的「屬性」，不與別人雷同，同時，還能營造好口碑。

可見，這就是標籤厲害的地方：當你信賴一個人，你就自然而然地相信他做的每件事。

當然，身為銷講者，你可以擁有個人標籤，但最重要的是，你一定要做最好的自己！

一、標籤與你自己相契合

我認為，大家給自己貼上標籤，這本身並不是賣弄自我的行為，而是大家在攀向成功的峰頂中又多了個「墊腳石」。

話雖如此，但觀眾的眼睛是雪亮的，為了向觀眾證明你不是賣弄，首先你就得將標籤與你自己相契合，因為合適的標籤才能受到歡迎，才讓觀眾有一種「你，才有這個標籤，別人可沒有」這樣的認同感。

我們可以看看股神巴菲特（Warren Edward Buffett）的案例：

從將近半個世紀以來，在投資界，巴菲特一直都能把握好時機，很少有投資失敗的經歷。對於巴菲特，他的多年投資確實獲得了驚人的回報，然而，這讓有些專家不敢相信，認為他的投資只是僥倖成功。

而巴菲特把自己的成功歸結為「專注」，的確，關於這一點，施羅德（Alice Schroeder）也說過：「他（指巴菲特）只關心商業活動，對那些如文學、藝術、科學、旅行等都充耳不聞 —— 所以，他能夠全心投入去追尋自己的激情。」

可見，專注是巴菲特給自己貼上的標籤，當然，這標籤不是簡單貼上就完事了，而是需要自己不斷地去奮鬥、去達到的。不然，這個標籤，也僅僅只是鏡中花水中月了。

二、標籤，代表你個人的能力

其實，標籤，就是代表你的一種能力。

為了證明這個觀點，我再為大家簡單說說我曾經聽到過的一個事例：

曾經有一次，我演講結束後，有個喜歡我的觀眾過來向我請教一些問題。他也向我講述了他的個人經歷：他先是在電子廠工作了三年，接著跳槽到其他的廠，仍然是在生產線上工作，每天重複做同樣的事情，就這樣幾年下來，他沒有學到什麼技術，也沒有學到相關的知識。後來他覺得自己年紀了，不適合在廠裡上班，想換到其他公司，但面試了很多次，人家都不想聘用他。無奈之下，他只好又重新進入電子廠上班，繼續過著「陀螺」般、迷惘的生活。

據他說，其實，在他高中的時候，也曾經青春飛揚過，也懷揣對生活與生命的激情，可是，後來，日子一不小心就過成了不是自己想要的模樣。

看完這個案例，你肯定也知道了，他很需要一個標籤。

當然，我這裡說的「標籤」，就是你對自我的一種包裝，也是你對自己的一種人生定位。我們每個人都在漫漫的人生路，不斷前行，這個「標籤」也將會成為你這輩子的印記，成為你的代名詞。

Part4

銷講就像在演一齣戲

銷講就像表演，不僅要有打動人心的內容，還要配合飽滿的情緒、恰到好處的動作和眼神，以及與聽眾之間的完美互動。如何完成這場表演，就要考驗銷講者的「實力」了，能否克服恐懼，調動聽眾情緒，是銷講成功的關鍵。

緩解緊張情緒，輕鬆銷講

時下流行的銷講，很多人既熟悉又陌生。為什麼說既熟悉又陌生？熟悉，因為很多人都作為聽眾參與過銷講，有的也許還自己主持並作為一個銷講者的身分出現過。陌生，因為每一次的銷講都是一次全新的過程，誰都不會預料到過程的全部，都會如履薄冰。所以，銷講者的緊張情緒都會出現。

比如：一開始銷講者進入到新的銷講環境，會放不開，等漸漸熟悉聽眾和環境之後，銷講者自然就會激發內在的熱情，釋放個人魅力，與聽眾互動，成為全場氣氛的調動者和控制者。我們會發現銷講者的手一開始是下垂的，沒有動作。觀眾眼裡的銷講者很嚴肅，不太放鬆。慢慢地，銷講者開始運用肢體語言來增加自信和拉近距離，幅度還不是太明顯。越往後，眼神、手勢、表情等結合運用，全場氣氛融洽。看得出來，銷講者此時已經很放鬆。但緊張感並不是徹底消失，而是銷講者已經能夠很好駕馭自己的緊張感了。

一個鬆弛的銷講者，肢體語言的運用駕輕就熟，手會知道在什麼時候抬起，跟隨著銷講的過程，像在彈奏一首美妙的樂曲打動著聽眾。有的人說，當銷講者的手靠近心臟的時候，說出來的話感覺跟聽眾共鳴感更強，距離更近，更能打動觀眾的心。

一、緊張小情緒，如何克服？

每一個銷講者，都有緊張到無法繼續的第一次。其實這很正常，沒有人生來就是一個熟練的銷講者。而且即使是很熟練，也依然會在面對新的觀眾、新的環境、新的話題時產生緊張感。所以，面對銷講的緊張情緒，是一種自然流露，正確的對待這種緊張，才能放鬆自己，適當運用技巧來控制緊張的蔓延。

其實，和很多體育運動的情況很相似。即使是屢次在賽場上奪冠的超級運動員，之前可能已經超越了很多選手，但每次參加比賽，聽到發令槍響的那一刻，緊張的情緒還是會形影不離。科學實驗分析，一定程度的緊張可以促使運動員興奮，成功機率更大。因此，我們可以說，一定程度的緊張情緒會對銷講者產生幫助，而不是阻礙。緊張有時會激發銷講者的潛力，更細緻、更嚴謹，對於銷講整體的預演會更加充分，考慮到銷講過程中可能出現的各種問題，形成銷講者良好的工作習慣。

既然緊張是一種必然出現的情緒，那麼我們需要的就是控制和克服。人們為什麼會緊張？因為緊張，其實是身體對於某種行為的防禦反應，會涉及到身體很多功能性調動，對我們的大腦形成刺激，產生很多身體不適。

比如：一旦出現，人們總會口乾舌燥，想喝水。有的人一緊張，就會不斷地想去廁所。後面我會跟大家分享一些調整自己的辦法和技巧。這裡，我還想提一下，緊張的時候心態很重要。積極正面的心態，會暗示自己一定可以，一定能成功。早在科學研究領域就已經有相當成熟的理論基礎。當你緊張的時候會有身體內在的反應，應激反射，告訴自己不要緊張，放鬆下來，沒什麼大不了的。這時你會真的感覺比之前放鬆多了，這種自我調整的方法很實用。

生活中很多例子，比如：女生在談戀愛的過程中，特別需要男朋友的寵愛。女生過生日的時候，如果男朋友沒有打電話邀約或者買生日禮物出現在門口，就會很緊張，緊張男朋友是不是不在意她，會聯想很多。

那麼，我們遇到緊張時，首先不要害怕和恐懼，應該正確看待緊張，試圖去調整和控制緊張情緒，或許你就能體會到緊張對於銷講的正能量和激發銷講者熱情的作用。根據我個人多年的銷講經驗，面對觀眾，面對銷講的主題，提前做好充分的預備方案，提前調整好自己至關重要，下面給大家介紹幾種幫助克服緊張小情緒的妙招。

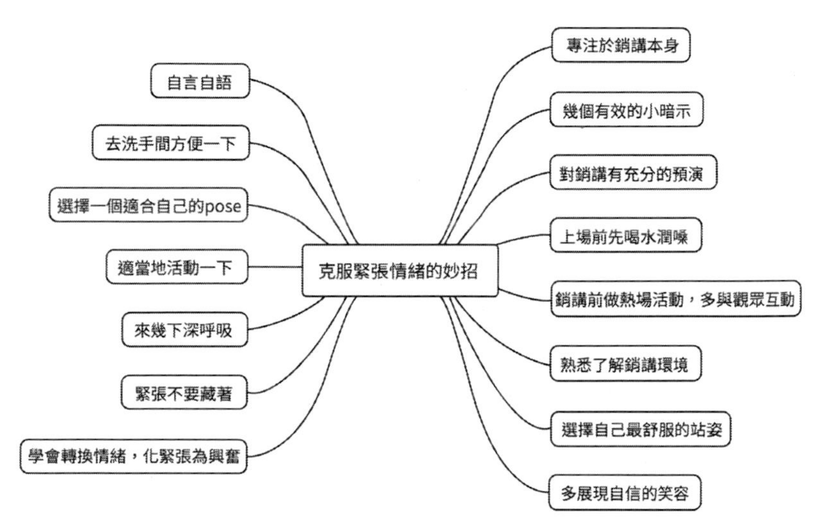

圖 4-1 克服緊張情緒的小妙招

①自言自語

自言自語，就是自己給自己一些鼓勵的話語，對著自己說，不需要別人聽見。上場之前，為自己打氣，一定可以。前面提到的，很多偉大的運動員在賽場上，在起跑點，都會給自己鼓勵的暗示，我們也經常會看見運動員暗示的個人風格很強烈，但最終目的只有一個，先強烈的肯定認同自己能夠超越任何人。銷講者可以在上場前，不斷提醒自己，跟自己確認，「我的銷講會轟動全場，贏得滿場掌聲。」「我一定能成功。」等等。經常這樣對自己說，經常對自己這樣激勵，就會在無形中變為現實。

②去洗手間方便一下

去洗手間方便一下，可能很多人不以為然，覺得這個是一件很小很正常的事，從而被很多人忽略了。也有可能因為緊張，忘記去方便一下，而是花時間背銷講詞。

③選擇一個適合自己的 POSE

當你在上場前去洗手間方便的時間，可以看看鏡子裡的自己，選擇一個適合自己的姿勢，給自己個鼓勵。一般來講，我們更願意選擇一種自由、舒展的姿勢，做這個動作的時候，你會很放鬆，會讓你自由想像，擺出各種可愛的造型。研究顯示，當你願意去欣賞自己的身體，大腦會發出快樂、熱情的訊號，這樣你就會把銷講的緊張置之腦後，變成一種享受的過程。

④適當地活動一下

做一些擴胸、伸展的運動，選擇到窗邊或走廊盡頭透透氣，眺望一下遠方，放鬆身心，呼吸新鮮空氣。

⑤來幾下深呼吸

有些人緊張後就會口乾舌燥，渾身的肌肉痠痛，感覺特別不舒服。這個時候不妨試著平靜下來，做幾次時間稍長、過程較緩的深呼吸，感覺會明顯不一樣。大量新鮮的空氣會進入我們的身體，流動到緊張的部位，緩解緊張感。所以，很簡單，讓我們一起深呼吸。

⑥緊張不要藏著

緊張很正常，人人會遇到，但有些人礙於情面，常常喜歡把緊張的情緒憋著、藏著，怕被人看見。反而會讓緊張的情緒蔓延，得不到釋放，結果更糟。很多時候證明，一旦進入緊張狀態，如果不及時調整，緊張感會無法控制，甚至崩潰。所以，現在我們的任務就是遇到緊張，合理控制緊張，不慌不畏。

⑦學會轉換情緒，化緊張為興奮

科學研究發現，當人們遇到某種問題緊張的時候，嘗試平靜心情是很難的，轉換情緒反而更容易讓自己接受，效果也更加明顯，會取得意想不到的最佳效果。比如：銷講者緊張的情緒，如果得到聽眾的互動鼓勵，就會極大釋放。人們往往更容易看到那些積極的力量對自己的影響，忘記緊張的感覺。

⑧專注於銷講本身

當你認為一份精美設計的禮品，一件精心策劃的事件會成為受眾的喜愛，那應該是你沒有太多的擔憂和緊張吧，更多的是對自己的欣賞和愉悅。同樣，我們這樣去對待銷講，不要去先想那些環境、主題、聽眾的反應，我們應該集中精力考慮銷講本身的價值，挖掘銷講本質的魅力，精心設計銷講的內容。當這份銷講大餐呈現出來，你應該更多關注的是銷講帶給觀眾的價值，盡情展示給觀眾。

⑨幾個有效的小暗示

上場之前，不停暗示自己。「我是專業的銷講者，我能控制局面，這次的銷講我準備很充分，聽眾會感覺很好。」「因為我成功，所以聽眾願意來聽我銷講，認為我的銷講與眾不同，有價值，有值得花時間學習與分享的價值。」「即使銷講過程中偶爾會遇到小問題，也能迎刃而解，聽眾不會感覺不好。」等等。

⑩對銷講充分的預演很重要

一個好的銷講者會充分考慮銷講過程中會遇到的多種問題和影響因素，盡量考慮全面，設計完成的銷講內容最好是能夠事先進行多次的預演和排練。一個是情感的力度，一個是時間的掌握，最重要的是熟練程度，帶給觀眾的最直接的感受是自信，有底氣，有說服力。

⑪上場前喝水潤潤嗓子

口乾舌燥的緊張，誰都不願意遇到，事先找個地方喝點水，可以潤潤嗓子，同時也可以舒緩情緒，保持身體正常的功能反應。但也不可喝太多水，或是冰水、咖啡、牛奶等，可能會產生其他不良反應，所以正常就好。銷講過程中，最好確保可以及時拿到水。

⑫開始之前的熱場活動，多和觀眾互動

銷講開始之前，銷講者為了能更快融入到銷講環境中，與觀眾建立一個良性溝通的氛圍，可以先在開始前和觀眾互動一下，傾聽一下觀眾的需求點。這樣不僅能有效拉近與觀眾之間的距離，又能先期了解觀眾的需求焦點，有的放矢，適當的增加銷講內容的傾向性，贏得觀眾的心更加容易。

⑬熟悉了解銷講環境

無論你是擁有多年銷講經驗的專家，還是初出茅廬的銷講「菜鳥」，都應該熟悉了解你所要面對的銷講環境。提前去銷講環境中，了解設備使用情況，銷講方位的選擇等，讓銷講的節奏掌握在自己手中。

⑭選定自己最舒服的站姿

銷講的過程中，觀眾對銷講者的第一印象就是你的站姿，站姿的好壞對觀眾的視覺衝擊很強烈。銷講全程的站姿最好有一個設定，上場前就為自己預設好站姿，提前排練一下，對著鏡子感受一下站姿的視覺效果。有了好的站姿，觀眾會樂意去聽接下來的銷講。

⑮自信的笑容

一個人的笑臉，是會被大眾所接受的。銷講的場合，本身除了互動性以外，還是多半具有專業性的訴求，觀眾更願意感受到銷講的有趣和快樂，當然需要銷講者本身的燦爛笑容和一直保持的快樂心情。因此，微笑，也是銷講者致勝的有力武器。

上面分享的這些克服緊張的小妙招，希望能夠說到點子上。緊張是一種正常的情緒，它是可以控制的情緒，同時也是可以好好利用的情緒。

二、正面心理暗示，事半功倍

很多銷講高手似乎很少會談起緊張的困擾，那麼，難道是銷講高手們已經可以將緊張消滅在萌芽狀態嗎？其實不然。我們發現，緊張如同其他情緒一樣，不斷強化只會讓你越來越受困於情緒，無法自拔。高手們能夠找到適合自己的方法去調整自己，利用身體和心理上的功能反應來克服，來控制。其中，利用正面心理暗示，可以造成事半功倍的效果。

心理學研究上有很多種理論和實踐，其中有個很有意思的治癒系方法是將你的情緒與語言進行隔離，直至互不影響，互不干擾，同時也達到了消除情緒的目的。比如：有些人遇到緊張，就會難以平靜，不停跟自己強調現在的自己是非常緊張的，不知道下一步該如何是好。但心理學研究發現，初期的不斷重複會強化緊張，但隨著語言的疲勞影響力，大腦接受到緊張情緒刺激的感覺會越來越弱，這就是語言和情緒分離的結果。

下面，我專門介紹幾種利用正面的心理暗示來達到放鬆自己的好方法：

① 目光聚焦法

面對千萬觀眾的目光，銷講者難免會緊張，特別是銷講經驗不足的「菜鳥」們。這個時候，不妨提前掃視一下觀眾席，找到一個目光感強、迎合度高，對銷講者崇拜感強，能夠讓自己投入銷講的焦點觀眾。這時，就把銷講全程的大部分時間目光聚焦，既表現了銷講者的專注度，又能更好迎合觀眾的視覺效果和心理期望。

② 自我假想法

有時候，預先設想的互動並沒有達到預期的回應，場面有些尷尬。這個時候我們要自我假想，及時化解尷尬。假想自己能夠力挽狂瀾，贏得掌聲。

③ 心理安慰法

銷講的準備過程，很多時候很枯燥，需要給自己營造一個輕鬆愉悅的氛圍，激發自己的熱情，給心理一個釋放的空間。比如：欣賞一首舒緩的輕音樂，翻看一下時尚雜誌等。

④分散注意力法

緊張，有時候是因為太過專注於某件事情。銷講前，不要再專注於銷講的文字，分散自己的注意力。有意識的去聽聽走廊播放的舒緩音樂，看看窗外草坪上嬉鬧的小鳥，緊張情緒會忽略很多。

⑤精神加油法

很多時候，正面的心理暗示會給我們一種強大的精神力量，推動我們去戰勝緊張的情緒，用積極的心態去面對緊張。「我是銷講高手，觀眾是衝著我的名氣來的。」「我的銷講如此精彩，感動了自己。」等等。

由此可見，緊張情緒，也有很多辦法可以控制和疏解的，只要你掌握上面的這些辦法，那麼你就可以成為緊張這個情緒的「制服者」了。

◆運用聲音、動作、表情進行銷講

這裡，我主要想從銷講的聲音技巧、肢體語言的運用、時間掌握等方面展現銷講成功的必需要素。只有藉助好這些表現手法，成為銷講高手才能指日可待。

一、銷講的聲音技巧

一般來說，銷講的聽眾感覺不好，有時是銷講者的聲音出了問題，聲音太小。我們銷講的時候，肯定要區別於平時交談，盡量提高音量。現場的擴音設備，只能提高聲音的擴散度，而原本聲音的音量不夠，音響也愛莫能助。評判聲音可以看三個方面：

① 第一個就是感情、情緒

有一句話叫：聲未到情已來。有些時候，銷講者並沒有做好充分的事前準備，銷講也沒有經過預演，倉促上場。銷講者情緒醞釀不完整，觀眾就會感覺銷講者不夠自信，精神狀態不飽滿，熱情度不夠。因此，銷講一定要重視情的運用，只有融入了感情的發聲，才是可以打動人心的。

銷講前，應該熟悉銷講的主線、框架、思想程序，減少即興發揮的尷尬。同時，我們在預演時要多考慮這些問題，比如觀眾目標群體的特點是什麼？觀眾想要得到的價值點在哪裡？可以怎樣與觀眾互動拉近距離？等等。當我們充分思考後，才能讓銷講的聲音情緒更飽滿，更具有穿透力，直抵人心。有了情感的聲音，可以引起觀眾的共鳴，親近觀眾，讓觀眾願意與銷講者成為朋友。

②聲音的感染力很重要

從銷講者的聲音中，最好能感受到積極的熱情和輕鬆愉悅的快樂。只有這樣，觀眾才會樂意花時間坐下來慢慢去傾聽你的銷講，你也才會有機會去向觀眾傳遞銷講的主題。

生活中對於聲音的使用，區分不同場景，我們會有不同的發聲形式。工作中面對上級主管，聲音稍微降低一些，顯得謙虛；面對下屬安排工作，聲音稍微高一點，但不能太過生硬。銷講的聲音，最好鏗鏘有力，擲地有聲，富有感染力。而富有感染力的聲音需要特別注意語速、音調、停頓等。語速的重要性不言而喻，決定著表達的清晰度，最重要的是決定著銷講的節奏和時間。那麼，恰到好處的語速怎麼定義？一般來說，平均一秒鐘 4 個字，大家可以用這個標準來衡量一下自己的語速。時間的掌握，對於銷講者來說，應該是內功。

銷講者如何控制銷講的節奏？好的銷講者會經常使用停頓和偶爾的重音來形成自己的節奏。很多銷講者聲音很有力，但缺乏適當的停頓，聽上去如同機關槍、連環炮，讓觀眾持續激情中，會產生疲憊的感覺。適當的停頓，其實就像一幅精美的水墨畫中的適度留白，讓觀眾有空間和時間去想像回味，給觀眾有消化的餘地。偶爾的重音，則能讓整個銷講顯得抑揚頓挫，高低起伏，有所側重，也能迅速形成觀眾的聆聽習慣，用重音激發觀眾的興趣和熱情，跟隨銷講者的思路。

③第三個我們說的是聲音的氣息

什麼樣的氣息是我們需要的呢？厚重沉穩的氣息。如果一個人的聲音氣息太過柔弱，怎麼能清晰地把想法傳遞給他人。厚重沉穩的氣息，說話的聲音就會表現出淡定從容和自信沉穩。可以想想大家很熟悉的「氣沉丹田」，平靜的呼氣，嘴唇微閉，鼻腔吸氣，微微用力，不急不躁，讓胸腔充滿空氣，整個人是平靜放鬆的，讓空氣流動到丹田處，再慢慢的用嘴呼氣。

二、銷講中肢體語言的配合

內容、語言表達、肢體動作等構成了銷講的主要部分，而其中內容占比還不到10%，肢體動作卻占到了超過五成的比重。可以說，肢體動作的最佳配合，決定了銷講成功的基礎。我認為，有的銷講的表現力、感染力甚至超越了內容，讓觀眾念念不忘的可能正是銷講者那極具表現力的肢體語言。

所以，銷講高手一定是一位很精通肢體語言的人。優秀的銷講必須有肢體語言的設計與巧妙配合。很多時候，我們太注重內容或者語言表達的方式，而忘了更生動的肢體語言。恰恰是肢體語言的表達方式比單純語言的表達方式更親民，更容易引起觀眾的好奇心與興趣，讓觀眾有繼續聽下去的動力與期待。肢體語言包括很多，像站姿、臉部表情、手勢、眼神等等。

視覺衝擊從恰到好處的肢體語言開始。當你還沒有語言表達的時候，別人對你的感覺都停留在肢體語言上。從肢體語言的內容，了解你的內心想法，對你的語言表達已經有了一個初始印象。而說到銷講，也是一樣，站在銷講臺上，觀眾對銷講者沒有太多的過往印象，只能粗略的透過銷講者的肢體語言判斷。有的是靜態的肢體語言，比如站姿，長時間靜態展示。這時，要感覺到開放包容，而不是收斂封閉，雙眼注視前方。

有些是動態的，比如眼神。確實，銷講的過程很長，眼睛一直在動，那麼應該怎麼控制眼睛？我個人的經驗，要提前搜尋到跟你眼神有交集的觀眾，掃視一下觀眾席，找到一個目光感強、迎合度高、回應感強的焦點觀眾。這時，就把銷講全程的大部分時間目光聚焦。同時，適當時候在現場觀眾群中進行切換，不能輕描淡寫的切換，還是要專注於觀眾，與觀眾盡可能多的眼神接觸。可以由遠及近，也可以左右環顧，照顧到更多的觀眾，都能以最好的狀態呈現出來。給每一個與銷講者眼神接觸迫切的觀眾以回應，分給焦點觀眾一小段時間也好，給焦點觀眾一個微笑也好。

很多人的內心想法會顯而易見的寫在臉上，臉部表情的豐富也能反映這個人的思想活躍程度。眼睛，或靈動，或深邃，或呆萌，再加上臉部其他器官的組合，整個臉部表情的表現力可見一斑。

良好的第一印象，從臉開始。現今，更是一個看臉的時代。人們的社交往往是從一見鍾情開始。銷講者的成功，很多時候也是觀眾的視覺印象占了上風，與銷講者接觸機會和接觸時間並不多的觀眾，更多的是從銷講者的臉去了解其內心的想法和想要傳遞的主題內容，從而產生好與壞的評價。

拿我自己而言，我經常會在銷講的一開始，跟大家講一個有趣的故事，引得全場捧腹大笑，同時又發人深省。而我標誌性的笑容，成為了全場銷講觀眾最難忘的內容。豐富的臉部表情，也能讓觀眾產生興趣，降低審美疲勞。比如：有一位經濟界銷講達人，他的標誌性臉部表情就是會睜大雙眼看著觀眾，停頓一下，讓觀眾留下了極其深刻的個人印象。

肢體語言的恰當運用，給觀眾的感覺很真實，如同跟一個好朋友在交流，聆聽好朋友的內心故事。而銷講者也正是因為合理表達的肢體語言加上精彩的內容，融入了真實的情感，很多時候與觀眾的共鳴確實可以一鳴驚人。

前面提到過銷講者要選定一個自己最舒服的站姿，來克服緊張情緒。銷講的過程中，站姿的好壞對觀眾的視覺衝擊很強烈。銷講全程的站姿最好有一個主打的設定，上場前就為自己預設好站姿，提前排練一下，對著鏡子感受一下站姿的視覺效果。雙腿自然放鬆，但不能疲軟，兩隻腳最好有個角度交叉，身體微微前傾，整體感覺是自由舒展的狀態。

肢體語言中，使用最為頻繁、運用方式最廣泛的就是手勢了。手勢的使用，可以給觀眾一種權威、自信的感覺，還可以有浪漫、激情的表達。每一個手指靈活自如，結合手臂、手腕、手掌，一氣呵成，不同的語境使用不同的手勢，造成畫龍點睛的作用。手勢還具有非常強的個人屬性，是個人魅力的有力標籤。銷講過程中，切忌不能出現的手勢：

一、是沒有手勢，也就是雙手下垂，不知道從哪裡下手，給人一種很拘謹木訥的感覺。

二、是雙手抱於胸前，讓觀眾產生錯誤的理解，不想讓觀眾進入銷講者的內心。

三、銷講者最好自然站立，雙手可以交叉放在腹部以上的部位，時而抬手，時而落下。

三、銷講時間的掌握

銷講的節奏和時間，對於整個銷講方案的設計至關重要。銷講時間掌握的好壞，直接關係到銷講過程的順利推進和銷講主題內容訴求的完整性，以及銷講的表現力和感染力。一位知名主播，對於時間掌握有著自己的獨到見解和能力。他覺得對於時間的控制需要花時間來訓練，比如：大家可以訓練自己的語言表達，不要太長，就訓練一分鐘表達，計時。如果按照正常情況，一分鐘可以說 240 字，那麼應該可以把一件簡單的事情完整表達出來。循序漸進，一分鐘表達訓練好了，再延長到三分鐘，表達相對複雜的觀點。最後，訓練的結果是對於時間的掌握很準確，有自己的感覺。準確掌握銷講的時間，也能讓觀眾感覺到銷講者的專業性以及能在規定時間內完整表達主題的能力。

講到銷講時間的掌握訓練，是每一個銷講高手的必經階段。但仁者見仁，智者見智，訓練的方法不盡相同，每個人的成功並不是一條道路。上面提到的關於時間掌握的訓練，只是其中很有效的一種。科學研究顯示，長期訓練某單項技能，大腦中的反射區域會更強大，功能會激發更多。堅持訓練，會讓銷講者的語言表達能力不斷增強，大腦對語言的控制力功能提升。時間掌握能力的提高，語言表達能力的進階，銷講成功是必然的。

其實，還有很多細節需要引起重視。銷講前需要對選題內容進行精心策畫，準備精彩的銷講內容，對自己的身體和心理都有一個情緒醞釀的過程。銷講前對於銷講場地環境應該提前適應，充分注意和了解，做好設計站位、服裝、髮型等配合工作。這些完成之後，銷講者還應該預演銷講，花時間和精力來排練，提前解決銷講中可能遇到的問題。磨合的過程，就是自己一步步邁向成功的過程。

以情感人，需要善用情商

情歌能打動人心，能觸動心裡最深的那根琴弦，最容易與聽歌的人產生共鳴。為什麼？因為感情在人性世界裡的影響力最大，最能控制人的情緒。而充滿邏輯性的理性思維相對來說，對於銷講觀眾的影響力偏弱。所以，銷講過程中情緒的調動十分關鍵。

我們經常會聽到有人評價對方情商很高，很善於跟聽眾拉近距離，換位思考，化解生活中出現的尷尬場面，總給人一種春風拂面的舒服感覺。說到銷講，更是需要銷講者本身具有很高的情商，為觀眾搭建一個自由開放、包容並蓄的空間。銷講者要考慮在這麼長的銷講過程中，聽眾能始終緊隨其後，忘卻疲憊，積極互動，那麼情感的合理運用就是銷講者最大的功力。

情感的合理運用，掌控觀眾的各種情緒，調動觀眾的正面積極情緒，需要銷講者不斷去修練，在銷講的過程中察言觀色，不斷提升自己的情商，在銷講的設計中以情感人，潛移默化。一旦發現觀眾對銷講內容不感興趣，消極情緒開始萌芽，要及時轉換情緒。

銷講者經常會用煽情的方法來讓觀眾共鳴，效果很明顯。最能感動人心的就是情。如同愛情是人類永恆的話題，在銷講者和觀眾之間建立連繫的最有效的媒介就是情感，每一次熱烈的掌聲，每一個發人深省的故事，其中都蘊含著情感的力量。

因此，銷講者在事先選定銷講主題、策劃銷講文字的時候，就可以全盤考慮情感因素的作用，找到那些可以發揮引導情緒作用的橋段，專門設計情感的產生、培育、膨脹、釋放等過程，配合內容的傳播。一個成功的銷講者，會運用各種技巧來調動觀眾的情感，真正去走進觀眾的心裡，觀眾才會投入去聆聽。

以情感人，以情動人，講起來很簡單，其實要想做好，不是一件容易的事。就我個人而言，每次的銷講都會預演很多遍，就是在尋找最能激發觀眾情感的點，讓這個情感點放大，捕獲觀眾的心，觀眾願意接納你所有需要傳遞的思想和內容，就能實現銷講的成功。下面我想跟大家分享三個常用的技巧，會對大家理解以情感人有所幫助。

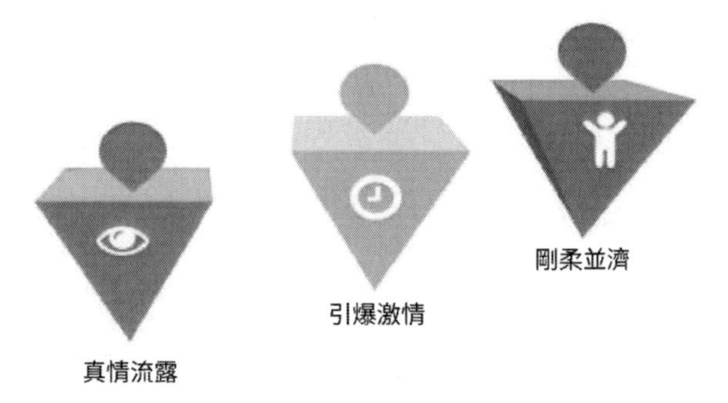

圖 4-2 三個常用技巧

一、真情流露

言如其人。銷講者首先要真實，不要企圖用一些虛無飄渺的形式來傳遞自己都無法認同的內容，真情流露很重要。讓觀眾感受到銷講者的真情實感，會自然而然拉近銷講者與觀眾的心理距離，讓觀眾不僅願意去傾聽，也期待去表達。

二、引爆激情

銷講者在設計銷講文字時要注重情感的引爆點，也就是說在情感主線上的起伏點。只有抓住起伏點對觀眾的引爆，才能讓觀眾一直保持興奮的狀態。銷講有時候是需要銷講者本人的激情釋放，但又能準確把握觀眾的接受程度，恰到好處的爆發，能讓情感的撞擊達到高潮。

三、剛柔並濟

情感是一種很神奇的東西，需要時而激情澎湃，時而淺吟低唱，不能平鋪直敘，不能持續興奮。能夠輕鬆撥動觀眾心底最柔軟的那根琴弦，靠的就是情感節奏的把握。先有情感鋪陳，再有情緒的醞釀，從而發展到高潮，情感的爆發，最後有情感的安撫。整個銷講的過程情感運用的剛柔並濟，會吸引大批的觀眾成為忠實的粉絲。

熱情是每個藝術家的祕訣。銷講者有時候也是銷講的藝術家，對銷講的熱愛與熱情決定了銷講的成功。成功的銷講者，懂得去欣賞美好的事物，發現生活中的各種美好，像藝術家一樣的眼光和境界，才能激發銷講的創作，才能在銷講中以情感人。

很難想像，如果銷講者僅僅依靠專業邏輯的銷講主題，僅僅依靠那些靈活生動的肢體語言，沒有情感的融入，沒有情感的起伏轉折，跟觀眾如何產生共鳴？當觀眾需要情感宣洩的時候，當觀眾需要瞬間引爆激情的時候，銷講的其他表現手法都顯得如此無力與蒼白。認知到情感在銷講中的重要性，才能讓銷講出神入化。

下面我想給大家看一個非常有代表性的案例。

一位著名的表演藝術家在談話節目中的精彩表現，情感的表達爐火純青，讓人身臨其境，久久無法平靜。她在舞臺上淡定從容，朗讀的是一篇關於母親的文章。內容本身感人至深，她的聲音、臉部表情、眼神等肢體語言的熟練運用，相得益彰。眼神時而堅定，時而模糊，臉部表情隨著表達內容而豐富轉換，其中都能看出情感，無時無刻不在和觀眾建立情感連繫，不斷累積，直至密不可分。輕重音的合理使用，也能表達出所要傳遞的情感要素。有的輕聲帶過，有的鏗鏘有力，字字如鐵，每一個字都有自己的節奏和情緒。偶爾設計的停頓，也是給觀眾一個想像的時間，體會情感深處的含義，此時無聲勝有聲。正是因為動情，以情感人，獲得了觀眾經久不息的掌聲，成功架起與觀眾情感交流的橋梁。

其實，以上三點是我按照自己的演講經驗總結歸納出來的，相信關於以情動人還有其他的技巧，這就需要大家平時多多學習和注意了。

◆心有靈犀的提問，才能開啟對話

過去，我們看到很多銷講主要以銷講者本身為主導，觀眾的參與度很低，基本上屬於被動接收銷講訊息，銷講內容的記憶停留時間也就很短，俗話說，變成了一朵浮雲。真正深入人心的，能在觀眾中獲得好評的銷講，一定要注意讓觀眾主動參與，而銷講中提問的設計，有時候會形成錦上添花的效果。我們來說一下，提問到底有哪些好處？

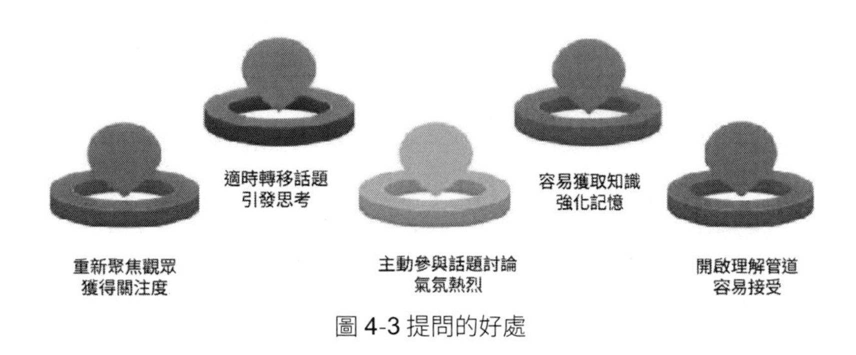

圖 4-3 提問的好處

一、提問的好處

① 重新聚焦觀眾，獲得關注度

繁多內容的銷講中，突然設計一處提問的環節，語音語調的變化加聲音的停頓，都會重新獲得觀眾的關注度，目光重新回到銷講者中心，好奇下一步將要揭開的答案。

② 適時轉移話題，引發思考

很多時候，觀眾容易陷入慣性思維，一直停留在銷講主題的自我確認中。適當的時機，銷講者以提問的形式，可以轉移話題，衝擊一下觀眾的固定思維模式，引發觀眾新的思考。

③主動參與話題討論，氣氛熱烈

情緒的調動，氣氛的營造，需要提問的匯入。一個設計新穎、定位清晰、適合討論的提問一旦丟擲，很多樂於參與的觀眾會具有很大的號召力，形成一種良好的銷講氛圍。

④容易獲取知識，強化記憶

每一次提問，都會引發思考。只有自己親身思考的東西，才會印象深刻，對答案才會有更多的記憶。如同愛情，書上說的，電視裡演的，都不如親身體驗的，來得更強烈。

⑤開啟理解管道，容易接受

銷講者有時候希望觀眾理解某一主題內容，往往講的成分太多，灌輸的感覺更強，舉案例，擺數據，但實際上觀眾似乎還是無法理解。不妨，試著加入提問的設計，用一些淺顯的問題來一步步解釋。這樣，觀眾也願意去嘗試理解，更容易被觀眾接受。

雖然說，銷講提問的好處有很多，但是，有一些銷講者，在提問的時候，沒有考慮周全，適得其反。我認為，失敗的原因無外乎如下這些：

1、頻繁提問，觀眾很叛逆。

有些銷講者想引起觀眾注意，或是炫耀內容的專業度，一下子丟擲很多問題，而且問題都是專業性的，似乎銷講者本身就沒打算觀眾參與回答，觀眾索性就不關心。

2、無法回答，場面尷尬。

有的銷講者提出的問題太複雜，不是單一話題討論，需要運用很多相關知識去解釋，一下子也難以梳理清楚。這時，沒有人會鋌而走險，在沒有把握的情況下出頭。

3、過於簡單，無人問津。

本身提問是需要引發觀眾思考，讓一部分觀眾可以主動參與思考並互動。但有的銷講者對於提問的設計過於草率，提問的方式也過於隨意，不是完整的去設計提問的結果和效果，自然也無法得到觀眾的共鳴。太淺顯，觀眾會以為銷講者本身就不希望人回答，結果就是無人問津。

4、提問者的情商不夠。

有些問題不是沒有人能回答，而是沒有人願意去回答，不知道怎樣去組織語言，或者是說有的問題帶有一些負面的感情色彩。情商不夠，沒有換位思考，站在觀眾的立場去想。如此提問，只會讓銷講者的效果大打折扣，影響整場主題的表現力。

5、高高在上，氣勢壓人。

有的銷講者故意提高音量去提問，甚至有點追問觀眾的意思，反而打亂了整場銷講的節奏，讓觀眾一時難以接受。特別是有些問題的設計故弄玄虛，搬出一些高大上的專業術語胡亂堆砌，試圖用氣勢壓倒觀眾，觀眾順勢推舟，懶得理睬。

6、無關問題，誤導觀眾。

銷講的提問需要有的放矢，而不是無中生有，閉門造車。有的銷講者為了增加現場的參與性，生搬硬套了一些問題設計，甚至有的問題與銷講主題根本不沾邊。觀眾聽得很困惑，無從下手，當然不會買單。

二、恰到好處的提問技巧

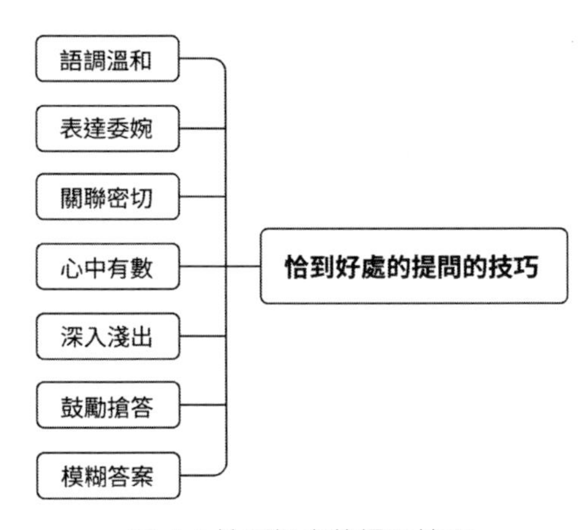

圖 4-4 恰到好處的提問技巧

心有靈犀的提問，才能勾起聽眾的表達欲。那麼，探究提問為何失敗的種種原因後，我覺得恰到好處的提問，要做到如下幾點：

①語調溫和

銷講者跟觀眾之間的資訊交流應該是自然而然的，不矯揉造作。使用平易近人的話語，溫和溫暖的語調，富有感染力的聲音，拉近與聽眾的距離，如同生活中的侃侃而談，不拘謹，不迴避。

②表達委婉

有些銷講主題會碰到一些敏感話題，可以營造氣氛，烘托主題。這時候，我們就要多思考語言的表達方式，同樣的表達意思運用更加能讓人接受的言辭去提問，讓表達顯得不那麼激烈，不那麼偏頗，委婉傳達銷講者的訊息，觀眾也能感受到這種委婉而欣然接受。

③關聯密切

其實，這應該算是銷講提問設計的基本原則。主題想表達的是什麼？提問圍繞主題去設計，這是最應該遵循的路線。即使表面上看似乎還找不到連繫，但聽過銷講者的精彩闡述後，豁然開朗，可以發現提問與主題連繫非常緊密。

④心中有數

大多數場合，銷講者提問是希望觀眾能知道答案，並且在自己的可控範圍內。銷講者對於提問的事先設計與預演，可以清楚判斷問題的標準。提問的結果是明確的嗎？提問與主題相關性強嗎？觀眾會接受這種提問的出現嗎？只有做到心中有數，才能真正把握銷講的節奏。

⑤深入淺出

一個高深莫測的問題擺在你面前，你會有興趣解答嗎？我想，很多人會有三分鐘的熱情，但隨後就會因為遙遙無期的答案而放棄。因此，提問的方式應該是大多數人願意接受的，簡單容易理解的語言表達，可以讓觀眾的參與度提高很多。

⑥鼓勵搶答

其實，觀眾有些時候會因為提問設計的巧妙和幽默，積極參與搶答，展示自己的欲望得到充分放大。如果銷講者再加上一些搶答獎勵，效果會更加明顯。即使答案不是很確定，觀眾也會熱情參加。如果回答正確，現場投射來的認同感可以讓觀眾瞬間自我滿足，成就感爆棚。

⑦模糊答案

銷講者提問，有的時候不是為了真正獲取觀眾的標準答案，而是讓觀眾有這麼一個建立連繫和參與的平臺管道，讓資訊交流變得更通暢，化解銷講過程中的乏味和枯燥。所以，有的提問丟擲，觀眾各執己見，容易適得其反，這時需要模糊答案的概念，而是肯定觀眾的參與行為。

提問，是銷講的必備技巧，巧妙地提問可以讓銷講更加吸人，還可以讓銷講者與觀眾之間的關係更加緊密。所以，我們一定要學會提問技巧，大家在平時應該多多學習和摸索，找到最得心應手的提問方法。

◆激起目標想聽的欲望

成功的銷講達人，每一次銷講都能打動現場觀眾的心，帶給觀眾前所未有的難忘體驗，除了前面說的要運用好各種肢體語言，擁有以情感人的高情商，恰到好處的提問設計，還有哪些可以挖掘的資源？從我多年的銷講經歷來看，設計好打動觀眾的引爆點和良好的互動也是銷講成功的關鍵。

銷講，打動觀眾的核心，不僅需要銷講者口若懸河的表達能力，需要累積一定的銷講技巧，很重要的是需要銷講本身的內容鮮活而新穎，再配合銷講者的真情流露，能迅速吸引眼球和心靈。打動觀眾的引爆點，說起來很簡單，但其實真正沉下心來做的並不多，做的好的更是屈指可數。引爆點，不是東一句、西一句的隨意拼接，看似華麗辭藻的堆砌。而是能夠在銷講主題的範疇內挖掘深層次的與大眾現實生活、與目標觀眾連繫緊密的，可以產生新思想，但又能被觀眾認同的創作根源。當你願意去思考，去發現，很多靈感就會聚集在一起，串連成一個個生動跳躍的符號，為你所用。

設計打動觀眾的引爆點，引爆點必須緊密圍繞主題來設計。看來主題是第一位的，沒有好的主題，是無法引爆觀眾的。那麼，這裡我就來簡單說說策劃銷講的主題，是我們的思想源泉。感覺像大海撈針，沒有抓手，其實還是有章可循。記住我下面分享的兩點：

一、策劃銷講主題的具體做法

①內容貼近生活

我舉個生活中的例子。如果讓一位大學的歷史教授和一個穿梭於市井的小商販，一起參加一次銷講，推薦一個產品。那麼，你們猜想誰會贏得銷講最後的成功？小商販贏得了更多人的支持。為什麼會出現這樣的結果？恰恰說明了我想證明的一個觀點，內容要貼近生活。教授的語言表達和思維邏輯能力肯定要高於小商販，內容的組織和條理肯定是很規範。而小商販不會在乎那麼多規範，選擇了最容易接受的方式來推薦產品，生活化的口吻直抵人心，結果就是聽著想買，產生了濃厚的興趣。所以，銷講也是一樣，內容必須貼近生活，才能贏在起跑線上。

②主題集中

選定主題可能會耗費我們很多時間和精力，這都是我們必須做的功課。主題確定後，就不要隨意變動主題的範疇，主題的集中度要高，也不要期望選定的主題去包容太多的領域。如果你準備用一場銷講的時間去羅列太多紛繁複雜的訊息，缺乏主題思想的根基，那麼，大部分觀眾應該都會變成看熱鬧的吃瓜群眾，成為看客，完全記不住你所想要表達的內容。就好像人們去參觀一個藝術展，如果藝術門類太多，沒有限定藝術門類範圍，也許你參展後不會有什麼特別印象深刻的記憶。但如果是參加一個主題畫展，就會特別關注某位畫家的畫作。因為，人們在面對很多關聯性不強的資訊時，注意力不會持續高度集中。

所以，銷講要想打動觀眾，引爆觀眾的熱情，選定的主題必須集中，內容必須貼近生活，一出生就注定了其左右逢源。

即使這樣，有時我們還是會看到銷講中尷尬的場面，觀眾總是提不起興趣，不溫不火，整體感覺觀眾迎合度不高，甚至有些牴觸情緒。那麼，有了好的開始，如何讓觀眾擁有持續高漲的熱情，不會因銷講的時間推移而產生倦意。

銷講高手們慣用與觀眾互動，運用多種表現形式來讓觀眾不是僅僅作為看客、聽眾，而是銷講的參與者，銷講活動的主角。這樣，觀眾就會保持專注的精神，緊緊跟隨銷講的程序，隨時準備與銷講者互動，現場氣氛也會此起彼伏。

二、有效互動的形式

與其說銷講是一種主題思想的傳播，還不如說銷講是一種向目標受眾最直接的交流。互動就是交流最重要的手法和工具，能給距離拉近和產生共鳴創造有利條件。成功的銷講，肯定設計了很多互動形式，引爆觀眾，激起觀眾的欲望，讓銷講者與觀眾的交流是雙向的、互利的。那麼，關於互動，我也想簡單談三個常用且有效的互動形式：

圖 4-5 三種常見的互動形式

①話題互動

銷講者事先在設計銷講的過程中就要準備幾個可以互動的話題，容易引起觀眾興趣又不帶有敏感題材，預演的時候可以站在觀眾的角度來判斷互動話題的可行性，試著自己與他人模擬討論話題，自己感覺一下話題的互動性強弱程度，選擇排名較高的話題。

②提問互動

真正深入人心的，能在觀眾中獲得好評的銷講，一定要注意與觀眾提問互動。恰到好處的提問，有時候會造成畫龍點睛的效果。每一次提問，都可以聚集觀眾的關注度，提起觀眾的熱情。我們在設計提問時，盡量多採用簡短易懂的提問形式，讓觀眾可以快速做出準確判斷。同時提問設計成選擇類，A 還是 B ？容易在觀眾群中引起討論，現場反應更熱烈。

③遊戲互動

很多時候，銷講者會設計一些遊戲環節去活躍現場氣氛，消除長時間精神集中帶給觀眾的疲倦感。當然，遊戲互動也要慎重，區別銷講的主題來設計。有些銷講主題不適合採用遊戲互動的形式，反而弄巧成拙。遊戲的內容一般來說，還是要結合銷講內容來設計。如果兩者沒有關聯，參與者的互動感會差很多，也會對整個銷講的主題認同度大大降低。

④聽眾

真正聰明的銷講者只說聽眾想聽的內容，他們會深度挖掘聽眾的需求，引爆聽眾想聽的欲望。所以，聽眾可以被他們「牽著鼻子走」。讓我們當一個聰明的銷講者，用深入人心的話題和精彩的互動虜獲聽眾的心。

Part5

運用幽默技巧，

讓演講變得活潑生動

乾巴巴的去銷講誰都不願意聽，所以，銷講者要學會當一個幽默達人，時不時幽默一下，或者自嘲一下，讓自己的銷講變得更有趣。幽默的銷講者既要能逗得聽眾哈哈大笑，也要懂得掌握分寸，不讓自己的玩笑過火，這其中的火候需要小心拿捏。

◆向相聲演員學招數

眾所周知，在相聲界裡，只有伶牙俐齒的相聲演員才能吃得香。而相聲演員之所以伶牙俐齒，是因為他們具備「抖包袱」這個必殺技。當然，這個必殺技在銷講界也是同樣適用的。

只是「抖包袱」也是講究技巧的，如果技巧運用的不好，就會引起相反的效果。比如，曾經有個相聲演員，他當時挺紅的，也有不少的粉絲，但他有一次在表演相聲時，竟拿著已不在世的黃家駒當「包袱」開玩笑，他直接就說：「之前有個叫什麼的團體，它的主唱黃家『狗』是哪年『掛』的？」結果，這位相聲演員預期設想的「抖包袱」非但沒有引起觀眾的熱烈掌聲，反而使他成為眾矢之的。

之後，這事傳到黃家駒的好友黃貫中的耳中，引起黃貫中的憤懣，他公開直言：「不要讓我遇見他，否則我會撕爛他的臭嘴。」

這位相聲演員也因為這件事情，導致後來的前途一片「淒涼」。

可見，抖包袱不但要運用好技巧，而且也要把握好分寸，不會拿熟人或事來抖包袱，而且就算用一些名人抖包袱，等表演結束後也會向觀眾澄清，不會讓他們有誤會的念頭。

因此，我認為，我們可以學習一些抖包袱經驗：

一、靈活運用觀眾的某句話或反應來製造「包袱」

對於演員的作品來說，其中能展現出來的，不僅僅是演員自身的實力，還有演員的人品和修養。在一個作品裡（即一場演出），規則是死的，但演員的表演是活的。

所以，只有好的相聲演員才能「hold」住瞬息萬變的場面，能夠隨時拿觀眾的一句話或一個反應來製造「包袱」，而且每次都能活躍現場，受到觀眾的滿堂喝采。

下面，我先給大家說兩個例子：

案例 1：有一次，在大家表演的正是很投入的時候，突然有個觀眾向相聲演員問了問題，他問道：「皇帝死了叫駕崩、諸侯死了叫薨，胎兒死了叫夭折，那仇人死了該叫什麼？」聽到這個問題，很多現場的觀眾都無不為相聲演員著急，因為這個問題有些「刁鑽」，若是回答不得體，就難免破壞氣氛。不料觀眾只聽到相聲演員慢條斯理地回答到：「叫歐耶」，話罷，霎時，在觀眾席中便鼓起熱烈的掌聲，紛紛讚賞他的高情商和機智過人。

案例 2：一對博士夫婦參加了相聲類節目，一上場就對評審指手畫腳，出言不遜，用學歷威脅評審……其中有一個場景，就是男博士走去主持臺，把自己的書拿給評審看，評審接過來看到《邏輯搞笑實錄》的時候，便說：「太好了我會努力」，該句話馬上引起了觀眾的雷鳴掌聲，不料此舉更是讓這對博士夫婦變本加厲。

其實當時站在主持臺上的評審也心有不滿，但他也沒有對對方報以人身攻擊，而只是說了一句：「那幫外行，別理他們」，這話說出來既沒破壞現場的氣氛，又能捍衛自己的立場，並還直接表明自己不會和他們這幫外行人計較，這樣的臨場反應，可謂是真高人呀！

二、三番四抖、柳暗花明

所謂「三番四抖、柳暗花明」，就是一種相聲包袱中的使用技巧，它有明顯的固定格式，採用的方法就是引導觀眾的聽覺慣性，將逗哏的某個看法或者意圖重複三次，等到第四次的時候突然反轉，以此突變的效果來彰顯逗哏者的原來看法或意圖。

比如下面的例子：

A：你父親叫弟子 —— 更衣，把我的那件紅衣服拿過

來……圖個吉利？不是 —— 打完人濺了一身血看不出來……好狂妄啊！瞧瞧就知道忒能打人！（一番）

B：他就不清楚血濺自己身上了也看不出來啊！

A：因為他沒打輸過啊！每次一上前就劈里啪啦給人一頓亂揍，濺了一身血。下來再換一身，又該我上了，給我拿一件紅褂子來……（二番）

B：又換一件紅衣服的。

A：等會又贏了，下來了，就再換件紅的！（三番）

B：全是紅顏色的，有什麼好換啊！

A：贏了麼，濺的全是血啊。等會再上來一個大個頭的，非常壯。你父親一看：把我那件黃褲子拿來！（四抖）

這種抖包袱的技巧，其前面三番都是為四抖做鋪陳的，等鋪陳的效果足以點燃高潮時，便陡然反轉，從而給觀眾一種出乎意料的驚喜，如同這個例子的三番「紅褂子」和四抖「黃褲子」可謂是神來之筆，不是難得的好包袱。

三、先抑後揚（或先揚後抑）、峰迴路轉

所謂先抑後揚（或先揚後抑）、峰迴路轉，就是指演員首先對人或物大聲批評（或讚美），然後話鋒一轉，一刨到底，使結果出人意料，藉此讓現場的反應熱烈。

現在我先舉個先抑後揚的例子：

A：閻王爺將李菁和王文林都打完了，大喊：還有那個叫 xxx 的？也帶上來，你們兩邊，刀槍劍戟，火山油鍋都準備妥當！（抑）

B：你比我們厲害。

A：我可悲慘了，一上來就直接瞪著我：你叫 xxx ？我說是我。呵，敢說相聲啊你？能耐真不小，還敢說單口的？你是要瘋了吧！打！刀槍劍戟一起上！（抑）

B：狠打！

A：別啊，閻王爺，您再給我一次機會吧，我以後肯定改！你說改就改啊！你能改嗎？我能改啊！……你們兩邊都過來！搬一個凳子給他坐下。（揚）

B：難道就不打了？

A：我會說話啊……坐下了。閻王爺拿著一碗茶端過來——來你喝我這個……來來來你點一根……（揚）

前面的閻王爺說「狠打」是抑，後面的「搬凳子、端茶、點菸」則是揚，這種技巧使兩方人物的前後境遇都形成鮮明比對，其中一方的境遇由「捱打」到「坐凳子、喝茶、抽菸」，地位從低到高；而另一方的境遇由「狠打」到「搬凳子、端茶、點菸」，地位從高到低。

接著，我再舉個先揚後抑的例子：

A：這位老前輩——張先生，可謂是當之無愧的老藝術

家了，在相聲界裡摸打滾爬一輩子了……（揚）

B：不敢當……

A：近期我們準備搞一個大型的紀念活動，為了慶祝相聲表演藝術家張先生從藝三週年……（抑）

B：啊？

A：張先生前段時間身體不大好，最近康復了，真是我們相聲界的一大幸事，還好病得不嚴重，小三災……（揚）

B：是啊。

A：非典型愛滋癌……（抑）

B：都活不了……

這種先揚後抑的技巧通常都要藉助話鋒突變來製造包袱，從而引起非常好的現場效果。

四、機關用盡、故弄玄虛

所謂機關用盡、故弄玄虛，就是指演員在講述時故意埋下伏筆，到讓人覺得不可思議，再巧妙地揭露恰到好處的答案，使觀眾在笑聲中信服。

A：呃，看到了，河邊上有個美女，正在洗臉呢……兒子指著她看向自己的爸爸

B：射這個吧。

A：……呃，拿活的。

B：拿活的？

A：嗯，過去綁好了，扛在肩膀上……走回家……兒子哭著喊：爸爸，餓呀……別鬧，回去拿你媽媽燉咯……

這種技巧，就是採用設定一個假象為前提，但是兩方人物的態度是截然相反的，在這個例子中，兒子在講述時是以不知情者的身分出現的，而爸爸在講述時則是以知情者的身分娓娓道來的。

我介紹的上面這四種抖包袱技巧，都是在我觀看表演相聲的時候總結歸納出來的，也是我在千人演講峰會上演講時運用到的抖包袱技巧。

其實除了我重點列出的以上這四種，抖包袱技巧還有其他的很多種，比如「表裡不一、言行畢露」、「文字遊戲、諧音錯覺」、「無心之過、陰差陽錯」等等。如果大家有興趣的話，可以透過其他方式查閱學習。

◆自嘲，也許能夠使人開懷大笑

其實從我 20 歲開始登臺演說到現在，雖然我們做銷講的最終目的不是為了取悅觀眾或者純粹搞笑幽默，但是我們在做銷講的時候，如果能適當地加點幽默感，那麼將會造成非常好的銷講效果。

當然了，幽默的方式有很多種，所以在我們運用幽默的時候，也是需要注意的，不然濫用幽默，只會造成相反的結果。一般來說，我認為自我調侃是一種最為安全幽默的方式。因為「損」一下自己，自己本身不僅沒有什麼損失，而且還有可能使觀眾「爆笑」，所以，我們何樂而不為呢？

那麼，在本章節中，我將介紹在銷講時如何有效地自我調侃。首先我來說一下「損」一下自己，將會帶來哪些好處？

一、銷講中，銷講者稍微「損」一下自己，可以帶來一些好處

我看過很多的演說影片，發現在演說的時候，銷講者經常損自己。他有時拿自己學測的失利調侃，有時拿自己的學習經歷調侃，甚至有的時候他還拿自己的失戀經歷調侃。無論他「損」自己哪一點，每次都能引起觀眾的開懷大笑，且使觀眾從他的自我調侃中讀出一些道理，從而從他的身上感受到了阿 Q 精神。

可見，銷講者如能稍微「損」一下自己，便可以帶來以下 5 點好處：

①越來越自信

一般能「損」自己的人都是充滿自信的，才會選擇暴露自己的「缺點」，並將自己的「缺點」拿來當眾調侃。當「損」自己時，能逗得觀眾哄堂大笑，那麼銷講者自己也會越來越自信，促使銷講的效果也會越來越好。

②真實可親

當銷講者暴露自己的一些囧事時，在觀眾聽來，他們會覺得臺上的銷講者是一個真實可親的人，從而在他們的內心產生親切感。

③幽默風趣

懂得自我調侃的銷講者才會讓人看起來幽默風趣，這也是一種調劑現場氣氛的好方法。

④安全

銷講者自我調侃比拿一些名人來調侃或直接調侃觀眾更安全，因為這樣就可以避免觸碰到一些人的自尊心或敏感神經。

⑤放鬆

自我調侃能讓銷講者自己放鬆下來，而且觀眾聽起來也覺得很輕鬆。

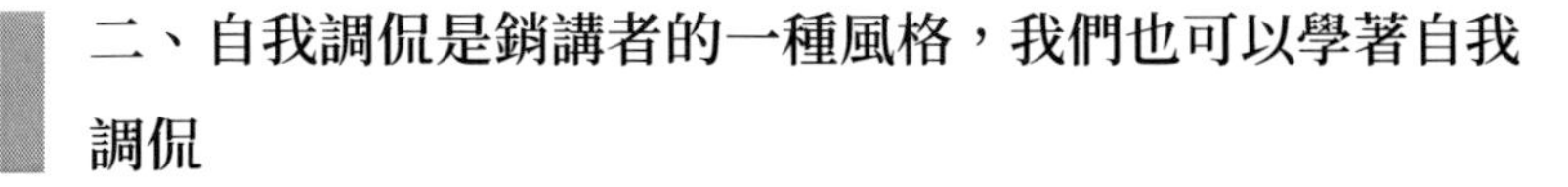

二、自我調侃是銷講者的一種風格，我們也可以學著自我調侃

從我演說的經驗來看，每當我在演說臺上自我調侃的時候，觀眾往往都會開懷大笑，他們顯然聽得饒有趣味的，而當我一本正經地講話時，他們反而顯得興趣不濃。因此，我發現自我調侃是銷講者的一種風格，擁有它可以讓銷講者更魅力十足，在這裡我也建議大家學著自我調侃，具體做法如下：

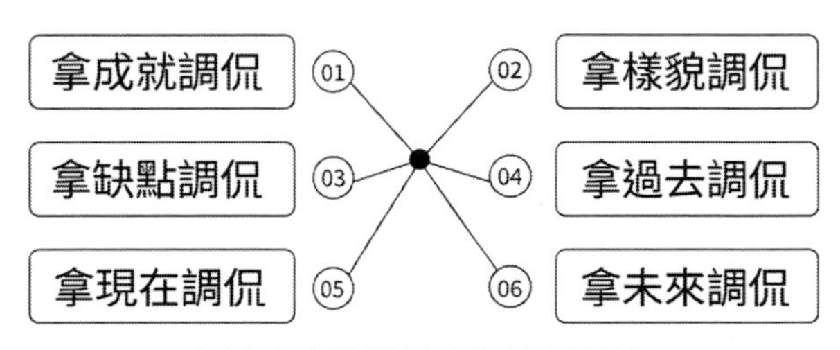

圖 5-2 自我調侃的六個具體作法

① 拿成就調侃

如果你在哪一領域有一定的成就或地位，那麼你就適當地透過調侃的方式讓自己「降降調」。

② 拿樣貌調侃

比如你可以拿自己的光頭調侃，也可以拿自己的矮個子調侃，亦或者拿自己的黑皮膚調侃等等。

③拿缺點調侃

如果你記性不好，便可以拿自己的記憶力調侃；如果你懶散，那麼也可以拿自己的懶惰調侃，諸如此類的，比如下面的這個案例：

其實，自嘲的幽默，就是將自己的缺點透過幽默的方式暴露給觀眾聽到或看到，這類銷講者往往是非常自信的。我曾經就聽過這樣的一場演說，演說者是一個幽默的胖子，他一上臺就是這麼介紹自己的：「大家好！我今天是重量級的演說家」，當時觀眾一聽沒馬上明白過來，也沒鼓掌，接著他就指著自己圓鼓鼓的大肚子說：「大家請看！這是不是稱得上重量級了？」這時觀眾終於明白了，便哄堂大笑起來，同時也報以熱烈的掌聲。

④拿過去調侃

你可以拿過去某些不盡如人意的地方來調侃，比如你過去的戀愛、工作和旅行等。

⑤拿現在調侃

比如你可以調侃自己的心情、收入和狀態等，因為觀眾一般都會較關注你的現在。

⑥拿未來調侃

你可以調侃自己的夢想和未來，適時地想像和誇飾一下，就會引起不錯的效果。

其實，自我調侃是需要銷講者有一點阿Q精神的，還要有一點胸襟和智慧。當然做到完美的自我調侃是非常不易的，所以我希望大家平時在生活中多多去修練，以便做到最好。

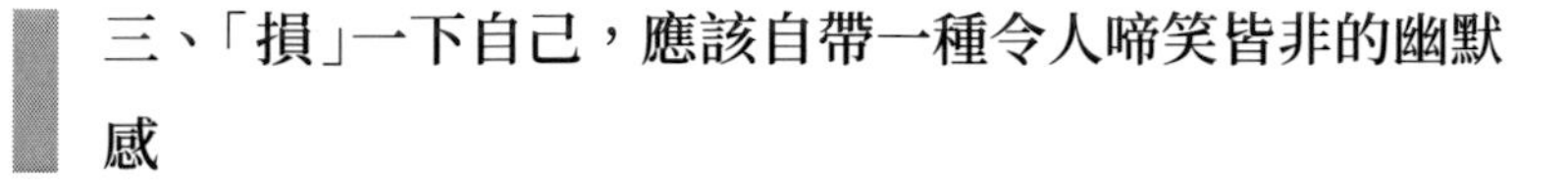

三、「損」一下自己，應該自帶一種令人啼笑皆非的幽默感

①我們要學會開玩笑式的方式

這個技巧，就需要你將自己以往最好笑的個人經歷收集出來，再選擇最貼合你此次銷講的主題的幾點融合到銷講的內容當中。當然，用這個技巧的時候，我希望大家做到以下3點：

1. 讓你自己的好笑經歷與觀眾產生共鳴，讓他們覺得自己好像曾經也發生過類似的事情，從而使他們感同身受；
2. 用幽默的語言講述自己的瘋狂經歷，讓觀眾覺得你自帶著一種令人啼笑皆非的幽默感，從而對你越來越關注；
3. 要懂得把握好時機，然後一本正經地開玩笑，有時，銷講者用一副一本正經的模樣，配上口中說出的玩笑話，會讓觀眾更覺得有趣。

所以，懂得運用開玩笑式的方式進行銷講，才是銷講者最應該要學會的技巧，因為你在演講臺上偶爾講幾句出乎意料的自我調侃，將有可能成為整個銷講的點睛之筆，從而讓觀眾對你產生好感。

②用我們豐富的表情來提升自己的幽默

我相信大家也看過歡樂喜劇，裡面每一個人的表情都非常的豐富。我們在進行銷講的時候，也可以採用這種方法，藉助一些誇張的表情來演繹自己的情感，進而提升自己演說的感染力。因為當你在演說臺上做銷講時，觀眾不僅僅只是聽你演說的內容，而且他們還會觀看你的表情。所以，我建議大家平時對鏡子多練習自己的表情變化，以便今後做銷講時，能夠透過豐富的表情來幫助你的演說達到更有感染力的效果。

③採用押韻的語言，進行自我調侃

其實在很多的相聲或小品中都使用押韻這個技巧，尤其是小品在做開場的時候，就使用得特別多，比如我曾經就聽到過這樣一個押韻的段子：吃肉，不如喝湯；喝湯，不如聞香。我們在銷講的過程中，也可以使用這個技巧，它不但能提升我們演說的幽默感，而且還能提高我們演說的內涵，只是我希望大家注意這兩點：一、幽默不是我們的主要目的；

二、幽默並非我們天生就有的。故此，建議大家要不斷地去練習，才是正道。

雖然，並非每個銷講者都天生有幽默細胞的，但是幽默也是可以透過後天學習獲得的，我本人也不是那種幽默感很強的人，但從我意識到幽默可以助我演講更能成功開始，我便馬上開始有計畫地訓練自己的幽默，如今，我真得非常慶幸自己當初的這一決定。

◆說讓人聽得懂的白話文

每當我在演說臺上進行演說的時候，我總會因為自己擁有獨特的說話藝術而感到異常的自信和滿足。而我的這種獨有的說話藝術，就表現了我在臺上的每一個動作、語調和神情都是與眾不同的，這是屬於我自己的個性的東西。

而「說人話」也包含在了我的說話藝術裡，它同時也是我們在銷講中不可忽視的一個重要方面。

在這裡，我總結了「說人話」的三個要點，請大家隨我一起去學習。

「說人話」的三個要點

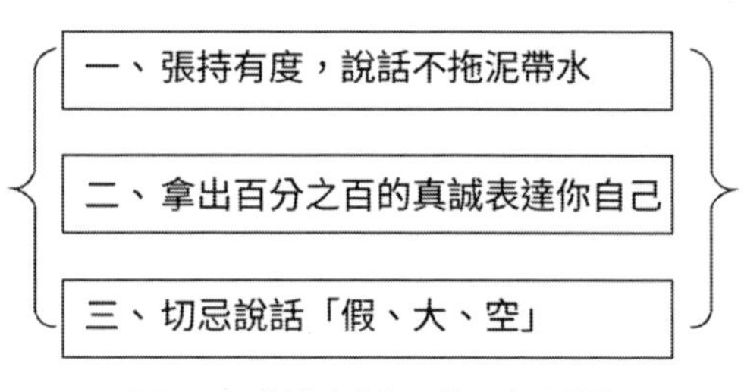

圖 5-3 「說人話」的三個要點

一、張弛有度，說話不拖泥帶水

通常，在做銷講的時候，銷講者最忌諱的就是害怕自己說話拖泥帶水。其實要避免自己說話拖泥帶水，最好的辦法就是確保自己的演講簡短而直接，而這種辦法的操作可分為以下 3 點：

①表達的資訊要直接

做銷講時，我們盡可能地直奔主題，讓觀眾更為直接地聽懂我們想要表達的主題或想法。但是，往往很多的銷講者卻喜歡旁敲側擊地說話，殊不知，這種做法只會更容易讓觀眾的注意力分散。

②用最簡潔的詞彙

俗話說：「我問你幾點鐘，你不用告訴我表的工作原理。」可見，我們陳述自己觀點的時候，應該使用的詞彙或句子是越少越好，陳述的過多，反而是一種累贅。很多時候，我們明明可以用少數幾句話就能表達清楚自己的意思，但卻總是喜歡用過多的詞句，甚至是用一些人物、數字和故事等要素堆砌成大段文章表達自己的觀點，這樣的做法往往會造成畫蛇添足的結果，並且也會直接損害我們的表達效果。

這裡，我舉個例子給大家：

一個只有十幾歲的男孩第一次參加舞會，出門時，他的爸爸對著他教導道：「你也許不應該在今晚的舞會之前、之中或之後喝酒。」

請大家看案例中的爸爸犯了哪些錯誤？首先，「也許」就不應該在這裡使用，因為它缺乏說服力。其次，「之前、之中或之後」就顯得很多餘，這個爸爸無非就是想告訴兒子在舞會上不要喝酒這個目的，但他卻說了這些多餘的修飾詞，這樣顯然給別人一種不果斷和不直接的形象。

③確定你的中心思想

我們做銷講時，切記不要設定多個主題，因為這麼做只會讓自己和觀眾的精力容易分散，可能還會使自己陷入了「撿了芝麻丟了西瓜」的狀態中，這是得不償失的做法。

所以，我認為，直接確定自己的中心思想，然後將整個銷講的演說稿都圍繞著該中心思想進行即可。

二、拿出百分之百的真誠表達你自己

在「說人話」這一方面，我認為其中的這一點是非常重要的，就是身為銷講者，我們要拿出百分之百的真誠來表達自己。我為什麼這麼說呢？請大家先看這場演說：

大家好！我是一個同性戀，我之所以掙扎地說出了這句話，是因為我不想被它們定義。曾經，每當我出櫃，我就會捫心自問，我只想做獨一無二的自己。

當我年輕時，我曾為自己的特立獨行而感到自豪，就算生活在保守的美國堪薩斯州我也絲毫不懷疑這一點，我一如既往地不隨大流，嘗試各種怪異的裝扮，熱衷社交，完全不覺得自己有多怪異和另類。（笑聲）但是後來，我漸漸發現自己的確有些特別，於是就慢慢也發生改變，變得與之前的自己不一樣，我變得不愛出去社交，也不再在人多的地方凸出自己。我當時告訴自己說，那只是自己成熟了，並不是想尋找認同感。

現在我才知道，當我發現自己有些特別的那一刻起，我便開始有意無意地隱藏自己了。然而這種隱藏自己的習慣一旦養成，便難於讓自己重新在別人面前展示出真實的自己了。

實際上，在不久前，我在和別人談論這次演說的時候，我也並沒有講出真實的內容，我甚至還向別人隱瞞我此次演說的真相。但是，此刻，我就站在這個舞臺上，已經決定了從此不再遮掩自己。那麼，過去的這些年，我到底都隱藏了什麼？就是我是一個同性戀，（掌聲）謝謝！從此以後，我只想做獨一無二的自己，而不是「我的同性戀同事」或者「我的同性戀閨蜜」，只是簡單做自己就好了。（掌聲）

……

當她做這番演說時，為什麼沒有遭到觀眾的恥笑或不屑呢？這是因為她真摯地表達了自己的感情，是她的真誠和率真感動了觀眾，從而贏得了觀眾認同的掌聲。

其實，我們在做銷講的時候，也要真誠地表達自己的感情，因為真誠是展現一個人的性格內涵、氣質修養和知識品味等方面的綜合指標。既然真誠如此重要，那麼我就必要再跟大家介紹一下關於做到真誠的幾點方法：

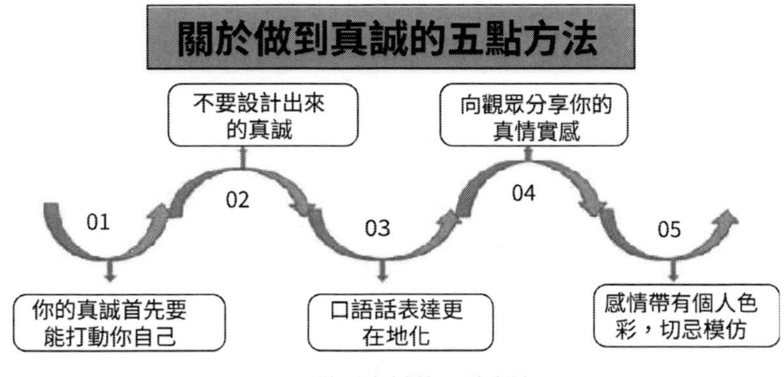

圖 5-4 做到真誠的五點方法

①你的真誠首先要能打動你自己

銷講的最高境界，就是銷講者能夠以表達自己的真情實感來調動觀眾的情緒，進而感動觀眾。有很多的銷講者也是為達到這個目的而採取各式各樣的抒情手法，要麼大打親情牌，要麼講自己難過的經歷博好感，甚至有時講到連哭腔都出來了，但底下的觀眾卻偏偏不受感動。

如果我們也像這些銷講者一樣，為了抒情而抒情，而沒有投入足夠的真誠的話，那麼只會讓觀眾覺得我們很假，同時自己站在臺上也會顯得尷尬。

所以，我們可以試著問自己：我的演說是發自肺腑的真心實意嗎？我的真誠能不能打動自己呢？一旦這些問題的答案是肯定的，這就意味著我們成功的可能性會大很多。因為一場好的銷講，首先需要銷講者有感動自己的激情，感動自己的越多，感動觀眾的才會越深。也就是「由內而外」地去感動，先打動自己，再打動觀眾。

②不要設計出來的真誠

只有自然流露的真誠才能打動觀眾，而刻意修飾的真誠只會令觀眾覺得矯揉造作。所以，我希望大家不要出現這樣的失誤，連我們在日常生活中都討厭別人做作，何況觀眾特地進場聽我們的銷講呢，肯定會更反感這種刻意雕琢出來的真誠了。

③口語化表達更在地化

一般，真誠的表達是不需要任何華麗的辭藻來修飾的，越是口語化的表達，越顯得我們更親近、更自然。

④向觀眾分享你的真情實感

對銷講者來說，僅僅擁有真誠還不夠的，還應該透過自己具體的真情實感來表達，才能發揮出最大的效果，像上面案例中就是藉助「做最真實的自己」這一感情來表達自己的真誠，從而讓觀眾覺得她所表達的真誠是言之有物的，不是虛有無物、淺薄無力的，才能最終受到觀眾的認可和感動。

⑤感情帶有個人色彩，切忌模仿

我們知道在如今這個社會裡，有很多東西我們都是可以模仿的，比如我們模仿別人的穿衣打扮，模仿別人的言談舉止，模仿別人的飲食習慣，亦或者是模仿別人的作息習慣等等。然而，還是有一些東西我們是無法模仿的，比如人的感情。

每個人都有屬於自己的感情經歷，是與別人與眾不同的，所以如果我們想要讓自己的演說有自己個人色彩的話，那麼就不要模仿別人的感情，因為不是我們自己親身經歷過的，就算模仿得再好，也只會讓觀眾覺得我們很假。

三、切忌說話「假、大、空」

如果我們戴著面具做銷講，那麼一旦被觀眾聽出來或看出來，他們就不會在喜歡我們了。其實銷講，是需要我們懂得根據場合講適合的話的，比如老年人喜歡聽長壽養生的話題，媽媽們則喜歡聽育兒的話題等等。與此同時，我們不但要講適合的話，而且是要講真話，不講那些假話、大話和空話，這就要求我們做銷講時摘掉面具 —— 做自己。

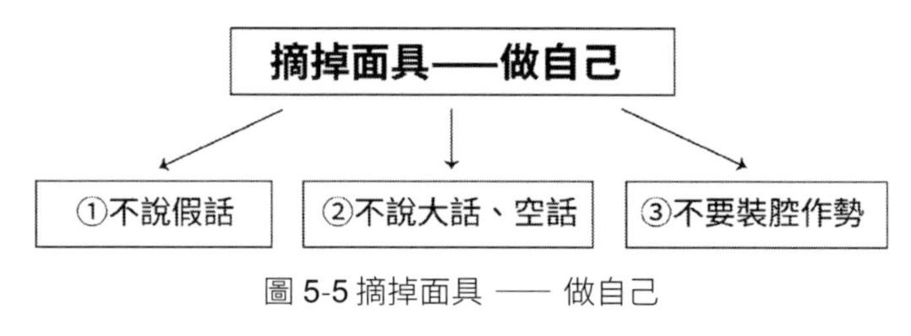

圖 5-5 摘掉面具 —— 做自己

而做自己，就需要我們按照以下三個方面來學習：

① 不說假話

說假話，一旦被拆穿，自己不但很尷尬，而且也會失去別人的信任。身為銷講者，我們也切記一點，就是不要在演講臺上大說假話，以免遭到觀眾的唾棄。

② 不說大話、空話

一般喜歡說大話的人，都會給人「吹牛」的形象，這種人是最遭人討厭的。銷講者要想「說人話」，就真誠的做自己，能做到什麼份上，就說到什麼話上，實話實說，反而更加受到觀眾的青睞有加。

③不要裝腔作勢

裝腔作勢的人，一旦被別人揭穿，就會馬上失去別人的信任。所以，身為銷講者，我建議大家一定要避開這個「雷區」，不要讓自己成為一個只會裝腔作勢的銷講者，因為這隻會讓我們令觀眾嫌棄，進而從此失去他們的信任。

說人話，其實並不難，只要我們做人真誠，待觀眾真誠，那麼觀眾就會自然而然地喜歡我們，進而注意我們的銷講內容。其實，無論我們做任何事，都不能丟失自己的真誠，因為它是我們做成一切事情的「內驅力」。

◆即使是正經的內容，也能風趣的講出來

通常，銷講的內容大多數都是一本正經的，但是面對同樣一本正經的銷講內容，有的銷講者就能「不正經」的講出來，從而更加地討觀眾的歡心。可見，有時候，「一本正經的話說霸道」反而會拉近銷講者與觀眾之間的距離，營造出一種輕鬆的現場氛圍。

當然了，這其中是需要銷講者具有一定幽默感的。那如果遇到銷講者天生沒有幽默感怎麼辦？其實，大家不必過於擔心，只要按照我給出的以下八點建議去操作，便也能讓你成功做到「不正經」的說話。

一、加強銷講者幽默感的八點建議

①別為你沒有的經驗說抱歉

②只要是最基本的東西

③不要亂誇口

④開心一些

⑤說笑話的時候看著聽眾的眼睛

⑥留給聽眾足夠的時間欣賞有趣的話題

⑦說的要慢，要清楚

⑧講完一個話題要引申觀點

圖 5-6 加強銷講者幽默感的八點建議

①別為你的沒有經驗說抱歉

你永遠都不要說類似這樣的話，比如「我不是銷講者的這塊料」、「我笑話說的很差，但我會盡力而為」等等，因為在你開始說這些話之前就已經毀掉了你的幽默。

②只要是最基本的東西

如果我們在笑話裡新增過多不必要的細節，反而會讓觀眾失去興趣。笑話一般只要人物、時間和「笑點」等這幾樣東西就夠了。

③不要亂誇口

在我們開始講笑話或幽默的話題之前，先不要向觀眾保證這個笑話很好笑，或者向觀眾保證這個話題很幽默，避免亂誇口帶給自己一些麻煩。

④開心一些

我們在臺上要讓自己顯得開心一些，要露出微笑的面容，這樣觀眾看到了也會自然而然地受到感染，也會跟著我們一起開心。

⑤說笑話的時候看著聽眾的眼睛

每當我們穿插著講一個笑話的時候，就略微地停留一會，然後讓眼睛掃視一下全場的觀眾，此刻進行眼神交流，以便觀眾更容易理解我們笑話中的意圖。

⑥留給聽眾足夠的時間欣賞有趣的話題

如果我們剛講完一個有趣的話題或笑話，觀眾還在笑著呢，我們就不合時宜地打斷觀眾，那麼觀眾的笑聲一冷卻下

來，我們要想再次點燃起來，可就很難了。所以，在觀眾還在笑的時候，要留點時間給他們，讓他們慢慢去品味。

⑦說的要慢，要清楚

我們講有趣話題的時候，語速盡量要緩慢些，盡可能地讓觀眾都聽清楚，以免煞費苦心找來的有趣話題，就這麼被自己浪費掉了。

⑧講完一個話題要引申觀點

就像我們寫完一篇文章之後，結尾必須要加入結語一樣，即「結尾昇華」，我們在每講完一個有趣話題之後，也要適當引申出一個觀點，以此來提升我們的銷講高度。

二、利用很炫很幽默的演講幽默開場白

①開場白要引人入勝

所謂開場白，就是我們一上臺就說的話，其目的就是為了贏得觀眾的注意。如果開場白無法吸引觀眾的注意，那麼後面進行演講的內容也就很難吸引觀眾的注意了。可見，起一個引人入勝的開場白，是多麼重要。

比如，你演講的是關於投資方面的話題，那麼可以採用下面這樣的開場白：

大家可以想像現在就是 2040 年，你已經 55 歲了。你剛剛收到一封信，裡面塞著一張 10 萬美元的支票，不，這不是你中的什麼樂透。而當你意識到在過去的 30 年裡自己做的小投資終於有了不錯的收益時，你不禁嘴角上揚。

大家可以藉助這個案例的手法，設計出引人入勝的開場白，以便討得觀眾的喜歡。

②概述要點

通常，我們演說最開始的前幾秒內，應該對觀眾先簡單地概述一下演說的要點，讓觀眾有個初步的了解，而不是過多地講笑話或例證導致離題，直接將自己的演講要點拋到九霄雲外去了。

比如，我們可以說：今天我來解答三個投資問題，它們都是有助於大家理財的。

第一，你怎麼賺錢？

第二，你怎麼投資？

第三，小錢怎麼生大錢？

③利用幽默

如果我們能將開場白講得很幽默，那觀眾很快就會被吸引過來，並且還能馬上活躍現場的氛圍，比如曾經有一所大學邀請胡適去演講，胡適一上臺就說道：「大家好！我姓胡，我是來胡說的⋯⋯」經他這麼一開口，還沒等他講完一整句話，底下的觀眾早都已經樂翻天了。

三、幽默使演講結尾更富情趣

所謂「餘音繞梁，三日不絕」，這就是我們銷講結尾所追求的絕佳效果。

在花樣繁多的銷講結束語中，一本正經的結束語並不令人印象深刻，反而是幽默式的結束語最受觀眾的歡迎。一般，我比較喜歡採用幽默的語言來結束我的演說。

現在，我再為了大家介紹具體的做法有哪些：

①用幽默的語言來結束銷講

（1）省略。

有一次，在年會開幕式上，輪到市長發言時，開幕式已經進行很長時間了，於是他如是說：「首先，我代表市政府，對全體學者表示熱烈的歡迎。」掌聲過後，他停頓一下，接著說：「最後，我預祝大會圓滿成功。我的話說完了。」他以閃電般的速度結束了演講。觀眾最初也是一愣，隨後，便鼓起熱烈的掌聲。

該案例，就很好地展現了省略式結束演講的好處。

（2）造勢。

所謂造勢，就是打破正常的演說內容，讓觀眾出乎意料，進而達到幽默的效果。

（3）概括。

所謂概括，這裡是指銷講者對銷講主題進行簡練概括，巧妙地做到「舊瓶裝新酒，不落窠臼」。

② 藉助道具產生幽默效果結束銷講

1、雙關。

在一次演講會上，快要結束演講時，演講者掏出一盒香菸，用手指在菸盒裡摸了半天也不見他摸出一支來，顯示是沒菸了。底下的相關人員很著急，因為演講者菸癮很大，便有人立刻站起來要去拿菸。結果，演講者邊講邊摸菸盒，終於摸出僅剩的一支菸，同時笑嘻嘻地對大家說：「最後一條！」

這個「最後一條」，是最後一個問題，也是最後一支菸，可謂一語雙關，妙趣橫生。

2、對比。

魯迅先生曾在結束一次演講時說道：

「以上是我近些年來對美術界觀察所得的幾點意見，今天我帶來一幅中國幾千年文化的瑰寶，請大家欣賞。」

他邊說著，邊用手從長袍裡拿出一卷紙，展開一看，原來是一幅老舊醜陋的月分牌。剎那間，引起全場大笑。

魯迅先生藉助「月分牌」這個貼切的道具表演，與他的結束語形成鮮明的對比，顯得非常幽默。不但讓銷講在笑聲中結束，而且還讓觀眾在愉快的氛圍中進一步品味他銷講的深刻用意。

簡而言之，要想我們的銷講更風趣、更幽默，我們就應該多向本章案例中的這些「幽默達人」學習，學習他們如何詼諧幽默的演說，以便助自己在銷講這條路上越走越寬。

◆演講者必備的幽默感

幽默作為生活的一種潤滑劑，它在銷講中也同樣能發揮潤滑劑的作用。銷講者要是能在自己的銷講中巧妙地運用幽默，那麼銷講將能發揮非常好的效果。

首先，我們來了解一下幽默的本質。

一、幽默的本質

所謂幽默的本質，就是指奇巧、意外、矛盾甚至錯亂，它難於從平庸之中產生出來，因此，幽默大師諾曼·霍蘭德（Norman Holland）才會把「不協調的錯位」看作是幽默的顯著特點。

類似的看法，幽默表演大師卓別林（Charlie Chaplin）也有說過，他是這樣描述幽默的：「幽默就是我們從正常的行為中看到差別之處。換種說法就是，幽默就是讓我們從正常的現象中看出不正常的現象。」

儘管幽默有「不協調的錯位」的顯著特點，但人們還是對幽默抱有一種「積極樂觀、友好和善」的共識。就連著名作家赫茲利特（William Hazlitt）也說：「幽默是人與人之間交流的調味品。」甚至列寧（Владимир Ленин）還讚賞地說道：「幽默就是健康的、優美的特質。」透過這些說法，我們不難看出人們對幽默還是給予很高的讚賞的。

那麼，接下來，我接著再為大家介紹幽默的類型。

二、幽默的類型

一般，幽默的類型有以下 3 種：

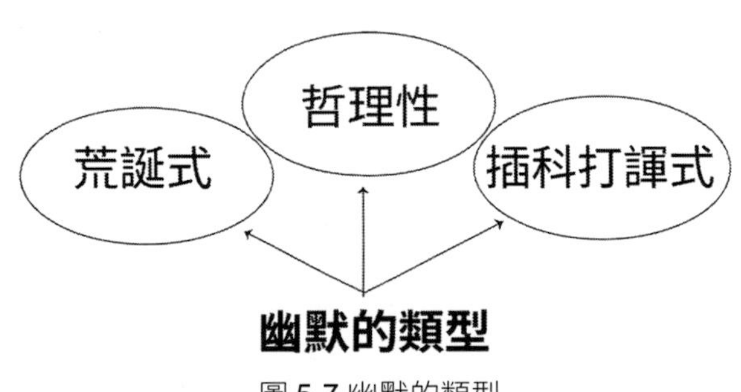

圖 5-7 幽默的類型

①荒誕式

所謂荒誕式幽默，就是指銷講者在進行銷講的過程中，透過一種出乎意料的獨特方式表現幽默，即是一種不受理性束縛而產生「荒誕」演說，儘管聽起來很「無厘頭」，但這正是反映出銷講者非同一般的智慧。

好比周星馳在很多電影裡的表演一樣，他扮演的角色，就是「古靈精怪」的，他的畫風，就是「無厘頭」的，正因如此，周星馳才能被廣大影迷稱為「諧星」。

②哲理性

所謂哲理性幽默，是指銷講者進行銷講的過程中適當地融入一些富有哲理性的幽默，這樣做的好處有兩個：一是能調節現場氛圍，二是能發人深思。比如有位銷講者在涉及到機遇與成敗的話題時所說的：「地球是運動的，一個人不可能永遠停留在有利的位置上。」

③插科打諢式

插科打諢式幽默，較適用於那些涉世不深的年輕觀眾，因為他們偏向喜歡輕鬆有趣的銷講形式。所以面對這類觀眾，銷講者便可以在銷講中穿插一些「娛樂趣味」性很強的內容，這樣才能容易激發他們傾聽的欲望。

三、幽默的作用

銷講者藉助詼諧的語言、奇特的方式或有趣的內容來說明自己的觀點或看法，往往能取得意想不到的效果。通常，幽默在銷講中的作用有以下 3 點：

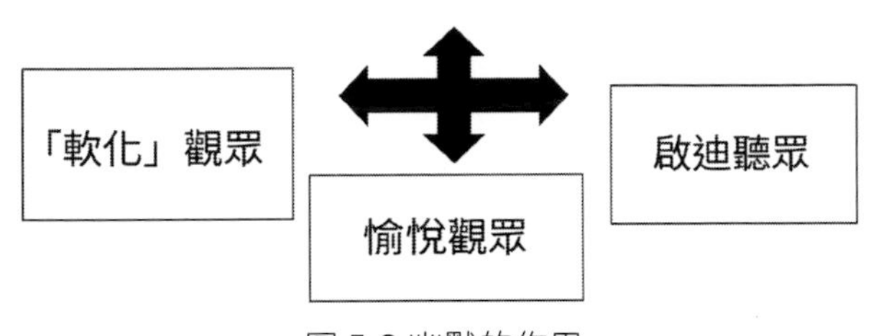

圖 5-8 幽默的作用

①「軟化」觀眾

其實，幽默除了有「令人爆笑」這個特徵外，還有委婉含蓄、詞淺意深的特徵。銷講者採用幽默含蓄的表達，更容易打動觀眾的內心，並容易緩和氣氛，使自己與觀眾之間相處融洽。

②愉悅觀眾

一般，幽默的銷講，要麼含有喜劇元素，要麼奇思巧智，銷講者進行銷講的過程中，適當地加入這些因素，必然能讓觀眾在開心的同時又能茅塞頓開。

③啟迪聽眾

銷講者如果善用幽默作引子，那麼就很容易讓觀眾在驚訝之餘對生活或人生進行深思，從而更專注地投入到傾聽當中。

四、創造幽默

有時候，銷講者會看到臺下有昏昏欲睡或低頭看手機的景象，其實面對這種尷尬的場面，我們可以加入一些幽默的語言表達方式，以便調節觀眾的慵懶狀態，進而專注傾聽起來。那麼，我們該如何幽默的表達呢？一般可以從以下兩個方面入手：

①從生活中尋找幽默的來源

其實，凡是實力雄厚的演員，他們在進行表演的時候，多半都會融入個人的生活經驗或感悟，從而讓觀眾覺得居中的角色就是演員本人。

可見，我們做銷講也一樣，要想要自己在臺上展現出來的幽默在地化，我們就不應該脫離生活而生搬硬造幽默，而是應該從生活中找到幽默的來源，這樣觀眾才不會覺得我們在「尬演」。

②運用聯想進行幽默的表達

生活中，很多外在形式看起來沒有關聯的事物可能會存在內在的相似點，銷講者要是能夠從那些有內在關聯的事物提煉出精彩的詞句或哲理句子，便會得到觀眾的認可。

當然，在這裡，我們除了知道創造幽默之外，還應該要知道幽默表達上的一些注意事項，這樣才能讓我們更好得做到揚長避短。幽默的注意事項主要有以下 3 點：

（1）不要重複說同樣的一句話。

即便是再有趣、再有引人發笑的幽默，也不能說太多次，一再的重複說同樣的話，難免讓觀眾失去興趣，甚至還有可能引起觀眾的反感。

（2）不要貶低別人，抬高自己。

俗話說：「不要將自己的快樂建立在別人的痛苦之上」，就是讓我們不要拿著別人的信仰或缺點來「幽默」，否則會讓人生厭的，而這正是我們在演講臺上最不能犯的錯誤。

（2）幽默不可過於牽強附會。

我們銷講時，穿插要講的幽默話題最好與演講主題有些關聯，要是兩者沒有太大關聯，則會給觀眾一種「離題」的感覺，如此一來，這樣的幽默也就無法造成好的效果了。

幽默就像是一種武器，它能夠快速「斬獲」觀眾的心，所以，我希望大家人人都擁有這種武器，以便助你在銷講臺上打造出屬於自己的天地。

Part6
技巧只是加分，
內容才是核心

銷講的核心是內容，如果一場銷講的內容空洞，沒有思想、沒有價值，那麼，再高明的演說技巧也發揮不了任何作用。內容是銷講的基礎，沒有內容的的支撐，所有的技巧和形式都是空中樓閣。

◆只分享給觀眾精華中的精華

銷講除了要掌握一定的技巧外，其銷講的內容也至關重要。可以說銷講的成功與否，與內容有著莫大的關係，也就是說我們分享給觀眾的內容必須是精華。既然如此，那麼我們在做銷講時，要注意哪些問題呢？

一、銷講一場只能有一個主題

一場銷講一般只有 15 到 20 分鐘，最長的可能也不會超過 30 分鐘。如果演講中主題繁多，枝幹龐雜很難讓觀眾短時間裡了解你想表達的中心思想，甚至不知道你在講什麼。

比如有一位運動品牌的銷售人員，在一場銷講中他想推薦旗下所有的商品，包括高爾夫球、登山車、網球等等。20 分鐘他把旗下所有的商品都講了一通，結果聽眾一個也沒記住，這就是一場失敗的演講。

一篇清楚易懂的演講必須具備單一且明確的主題，演講者必須對該主題的相關內容非常了解。比如你選擇登山車來演講，你可以談談登山車的挑選標準是什麼？什麼樣材質的登山車會更輕？登山車車胎怎麼看？什麼樣的人適合山地運動？

如果你無法把握你的銷講選題是否過寬，可以先將它寫下來，如果超過 30 個字你就要思考範圍是不是太大了，看看能否再縮小或者精簡內容。

二、銷講選題七原則

圖 6-1 銷講七個原則

①銷講的選題要有一定意義

2018 年 12 月 11 日，Digital Science 公司旗下的 Altmetric 選出了 2018 年最受關注的百篇論文，颶風瑪莉亞席捲波多黎各和虛假新聞氾濫網路等熱門話題相關論文均榜上有名。

上榜前十的論文中，關於生命、健康和壽命的就有 5 篇（瑪莉亞颶風造成的死亡人數、飲酒健康、鍛鍊與心理健康、膳食碳水化合物與健康、替代療法治癌影響生存），占了一半；關於環境和生態的有 4 篇（地球的演化路徑、太平洋垃圾帶正在聚集更多的塑膠垃圾、全球變暖改變珊瑚礁群聚、地球生命物質的分布），占比四成；關於真實性和真相的 1 篇（真實新聞和虛假新聞的網路傳播）占 10%。

這些數據說明現在的大眾更關心的是身邊的事情，你的選題一定要符合現實需要，從提高人們對可觀世界的認知和改造能力出發，選擇那些大眾關心的、最迫切想了解的主題來進行闡述，從而解決人們普遍關心、急於得到回答的問題。

②銷講的選題一定要看對象

在銷講前一定要摸清來聽演講人的職業、年齡等基本資訊。如果是採購商，你的演講內容一定要放在產品上，比如產品的定位、產品的特點、原理等等。如果是普通觀眾，你的選題就一定要偏大眾，比如一款減肥產品，你可以把選題訂定在科學減肥方面。總之，一定要選擇觀眾感興趣的切入點。

③銷講一定要選擇自己拿手的領域

如果下面坐了一群技術總監，千萬不要讓一位不懂技術的銷售人員上去演講，無論你選擇什麼題目，技術巨擘們都會覺得你在科普，會影響你銷講的最終效果。所以，一定要選擇自己擅長的領域。

④銷講要有積極性

銷講的題目一定要選擇讓觀眾一聽就充滿希望，激發人昂揚鬥志的內容。

⑤銷講一定要講究情感色彩

注意激發聽眾強烈的情感共鳴，最終打動觀眾。

⑥生動活潑

這個取決於主題和內容，嚴肅的主題就不宜用「活」的題目，一旦用了反而會沖淡演講的權威性。

⑦忌深奧怪癖

主題不能過長，也不能過於深奧費解，這樣會讓人看完就不想聽下去了。

三、銷講觀點核心五大點

選了大方向之後，此時就要確定你銷講的主要觀點了。比如你選擇了電動汽車作為銷講主題，那麼此時你可發揮的空間還是太寬，此時你可以再縮小選題，將其定為〈電動汽車取代傳統燃油車指日可待？〉。

到了這一步，你可能涉及到一個觀點基調的選擇，電動汽車能不能取代傳統燃油車？是還是否？如果能取代是馬上能取代還是需要一個過程？這又需要一個答案是還是否？

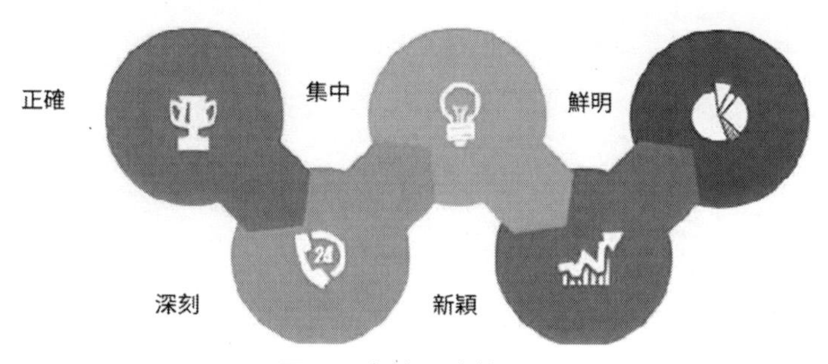

圖 6-2 產銷五大核心圖

銷講觀點是整次銷講的「重頭戲」，被喻為銷講的「靈魂」。它也有五大核心要求：

①正確

觀點正確與否是銷講能否成功的基礎，原則上必須符合馬克思主義（Marxismus）世界觀，演講的思想觀點必須符合客觀真理，符合常識。

②鮮明

銷講的觀點一定要鮮明，觀眾一看你的標題就知道講什麼，感不感興趣。模稜兩可、事是而非的標題盡量不要出現到標題中，容易產生誤導。

③集中

選題一定要集中，圍繞主題把問題講透了，不讓觀眾自己去思索。

④深刻

深刻主要指銷講的深度，既要從宏觀的角度去分析，又要從微觀的角度去分析。既能反映事物的發展趨勢，又能反映事物本身。

⑤新穎

如果你的選題不夠「Flash」，那麼你可以嘗試換個角度，換個思路。

四、銷講主題的深度開發

一般來說，一個銷講主題定下來之後，你可以從橫向和縱向兩個角度來進行剖析，並進行深度挖掘。

①橫向挖掘主題

美國國慶日反奴隸制運動中的政治家道格拉斯（Frederick Douglass）被邀請發表演講。國慶日到處張燈結綵，但是黑人奴隸卻沒有得到應有的「平等」。在演講中，他首先發問，為什麼今天要邀請我來這裡發言？我和我所代表的奴隸與你們的國慶日有什麼關係？大家歡歡喜喜過節的時候，他卻只能被拒之門外。

他用一連串的發問將主題引到「譴責奴隸制」上，可謂橫向挖掘主題的典範。

②縱向挖掘主題

縱向挖掘主題簡單的說就是往深裡挖，把根挖出來。

我們最缺乏的是伯樂而不是千里馬。

③站在歷史的角度挖掘

有人以《中庸之道》為主題進行了一場演講。演講開始時他提到了中庸之道的意思，出自《禮記》第三十一篇，指不偏不倚，這種調和的處事態度。幾千年來，中庸之道對我們日常待人接物產生了巨大的影響，下面演講者對中庸之道對各個時期的影響簡單羅列了一遍。比如東漢鄭玄說：「名日中庸者，以其記中和之為用也。庸，用也。」北宋程頤說：「不偏之謂中，不易之謂庸。中者，天下之正道；庸者，天下之定理。」南宋朱熹說：「中者，不偏不倚，無過無不及之名。庸，平常也。」

但是現在，沒有深入研究中庸之道的人拚命對其指責，認為它讓人不思進取，和稀泥，教會人們明哲保身。其實中華民族在幾次危難的時候，中庸之道都造成了穩定社會、政治的作用。

④對原理進行深度挖掘

1990 年代，東歐劇變和蘇聯解體之後，很多人對共產主義的實用性產生質疑。一位老師從誰能解釋量變為什麼能引起質變？自然和社會發展的總趨勢總是從簡單到複雜，從低階向高階？

此後，他又引用馬克思的觀點，發展的道路是曲折的，但未來一定是光明的來鼓舞新時代的人們。

⑤從自身感受出發

這種話題挖掘方式，非常適合情感類和分享類的銷講話題，用親眼所見、親身所感來證明某個觀點。

一位 30 多年的老獄警就分享了三個故事，透過三個側面印證其三個觀點：第一，以暴力犯罪的手段絕對換不來幸福；第二，善惡終有報，不是不報時候未到；第三，獄中的罪犯很多都陷入了深深的後悔和痛苦之中，不僅自己痛苦家人也痛苦。

⑥逆向思維反向挖掘

古希臘有一位叫高爾吉亞（Γοργίας）的「智者」，非常擅長雄辯。他在上課的時候誇下海口，說能將「死馬講活」，學生選擇「海倫無罪」的題目來挑戰他。海倫（Helen of Troy）是西元前 12 世紀希臘著名的美女和希臘一個城邦國王的妻子，後來她和特洛伊王子（Πάρις）私奔而引發了長達十年的特洛伊戰爭。

希臘人將這場戰爭的原因完全歸結為海倫私奔的原因。高爾吉亞從海倫是女流之輩，私奔的背後肯定有不得以的苦衷。他認為海倫出走的原因只能有以下幾種，第一，神的指示；第二，暴力帶走；第三，被甜言蜜語所騙；第四，兩個人深深的相愛什麼事情都無法阻止。就這樣高爾吉亞為海倫「翻案」，從邏輯的角度來說還是非常嚴謹的，當然內容經不起推敲。

⑦對比引發的思考

一人在 20 世紀就發表了一次銷講。在銷講中他提到了一件事情，當時一家研究所向西德德馬克公司採購一批設備，對方派了兩名業務菁英來談判，一個是產品開發部的經理，一個是代理商；研究所派了一大堆人，但是大多是行政要員，不懂技術，結果最後能派上用場的不能拍板。他用反面的例子告訴大家，一定要讓內行的人坐在關鍵的位置。

五、銷講主題的創意

剛剛講的都是主題挖掘的方法和思考方向，下面我們來講講怎麼讓我們銷講的主題更有創意。正所謂老生常談的話題並不能帶來足夠的吸引力，但是只要我們能掌握一些創新思維的方法，就完全可以做出富有吸引力的主題，讓聽眾更喜聞樂見。

①賦予新的內涵

生活中我們經常有碰到一些內涵相對固定的諺語和俗語，如果我們能加以創新，賦予其新的內涵，只要能自圓其說，觀眾也喜聞樂見。

②否定觀點

曾經有人做過一次〈我們不願做睡獅〉的銷講，在銷講中他表示，一頭睡著的獅子怎麼能成為百獸之王呢？一個名義上的百獸之王，我們為什麼還要位置驕傲呢？我們要做真正的強者，醒著怎麼都比睡著強。

否定觀點的時候一定要注意風險，本著實事求是的態度，不要僅僅只是為了語出驚人。

③注意事物的關聯性

一位總裁在演講中曾提到「要提倡思想上的艱苦奮鬥」，生活和工作上的艱苦奮鬥，大家很容易看到，但是思想上的艱苦奮鬥很容易被人忽視，有些人忙忙碌碌，一遇到費腦子的事情他就不喜歡思考，最終只能知其所以不知其所以。他從公司的角度出發，提出高科技企業更應該保持不斷進取的精神。

萬物總是有連繫的，一生二，二生三，三生萬物。只要談到一方面，就可以自動引申到另一方面，所以敏銳的發現事物的另一方面，就能達到銷講觀點的新、深並舉。

④從淺開始

索尼公司的創始人井深大在 1971 年出版的一本極為暢銷的書《上幼稚園再教，太遲了》中提到，大腦生理學的角度來說，新生的嬰兒就有 100 億以上的腦細胞，要想腦細胞全部運動起來，就需要足夠的刺激。一般四歲的時候要完成 60%，八九歲的時候完成 95%，十七歲的時候全部完成。雖然這不是一個銷講的案例，但是對於我們還是有足夠的參考價值的。

⑤以舊帶新

在銷講的過程中，很多選題或者你講述的道理是非常普遍的，或者曾經有一批非常有名的演講家曾經講過並且公認是經典的，此時你再銷講同一個題目，如果沒有別出心裁的角度，或者從眾口一詞的結論中講出一點新意，就很難獲得聽眾的認可。

六、銷講資料的選擇

除了主題要深度挖掘，找到其中的亮點之外，資料作為其重要支撐也要注意選擇。銷講資料的選擇原則有以下幾點：

①銷講資料一定要精煉

很多人的銷講就像現在的電視劇一樣，恨不得五十集才起步，七十集才高潮，一百來集才完結。這樣聽眾只會聽著想打瞌睡，最後什麼也沒記住。

資料有著印證觀點的重要作用。資料的選擇一定要為主題服務，否則再好的資料也不能使用在你的銷講觀眾上。一句話，能突顯主題、印證的主題的作用，否則就要捨棄。資料可以來自自己親身感受；經過實踐證明的資料和觀眾可能有興趣的資料。

西元前44年，古羅馬的布魯圖斯（Marcus Junius Brutus Caepio）等人說凱撒大帝（Gaius Iulius Caesar）是暴君，在凱撒的葬禮上其重臣安東尼（Marcus Antonius）反駁了其觀點。他提出了三個證據，第一，他曾經在邊疆的戰爭中取得勝利，最後卻將戰利品充入國庫；第二，聽到窮人的呼喊的時候，他流下了熱淚；第三，曾三次選他加冕稱帝都被他拒絕。這些資料充分書名了凱撒大帝是一個有公心、同情百姓，虛心的好君主。

②銷講資料一定要經典

資料的作用是以一當十，以小見大。所以我們在資料的選擇上一定要注意選擇最有代表性的、說服力最強的資料。

③銷講資料一定要有針對性

正所謂「因地制宜，因人施講」。假如臺下坐著一群小學生，同樣的題目，你肯定要選擇淺顯易懂的資料來說明，才能調動其聽下去的動力。

總結起來有以下幾點：

1. 不同的場合、聽眾，要注意選擇不同類型的資料；
2. 聽眾文化程度如果不高，資料一定要具象化；

3. 選擇聽眾身邊的故事，讓他們有深切的感受；
4. 要選擇能為聽眾指明方向、或者有內心觸動的資料；
5. 要注意選擇有一定權威性、科學性的資料，讓觀眾信服；
6. 根據自身的特點，選擇適合自己身分的資料。

演講資料的收集管道很多，網路、報紙、圖書、親身經歷和身邊人的故事都可以作為銷講的資料。平時我們要注意多留意、多收集。美國著名政治家、思想家林肯（Abraham Lincoln），只要碰到好的資料他就會用小紙條寫下來讓後放在自己高高的帽子裡。等到有時間的時候再整理到小本子上，我們不用放在帽子裡，存在手機記事本裡是個非常可行的方法。

◆用故事傳達你的想法給觀眾

為什麼百年的企業難有，但是千年的寺廟卻常在？為什麼宗教可以傳承千年，生生不息？其核心就在於宗教會講故事。無論是《聖經》，還是佛教經書，裡面都有很多或很美或很經典或引人深思的故事。

很多人不喜歡聽道理，不喜歡聽別人的指揮，或者告訴你該做什麼不該做什麼。但是故事不同，一個道理你可能聽很多遍也不能理解，但是故事你卻能記住，而且能深刻理解其中的道理，甚至有人還喜歡還願意把這個故事講給別人聽，就這樣口口相傳，宗教的教義就能廣為流傳。

故事有著很奇妙的魔力，和異乎尋常的穿透力。故事傳遞著資訊和希望，故事能傳達那些只能意會不能言傳的深層次意義，故事讓聽眾在不經意中就收穫了經驗。越是偉大的人越是講故事的高手，一個故事可以打動人心，可以影響團隊的時期，激發他們的熱情和幹勁，擰成一股繩共同努力。

麥克阿瑟（Douglas MacArthur）有一次來母校西點軍校參加授勳儀式，即興銷講的時候，他提到早上他走出旅館的時候，看門的人問「將軍，你這是要去哪裡？」當他聽到自己說去西點軍校的時候，馬上豎起大拇指，表示那是個好地方。

這個簡單的故事，說明了西點軍校在人們心中崇高的地位，就像清大、臺大一樣只要從這裡出來的學子幾乎都代表著資優生、人才。但是麥克阿瑟的角度不一樣，他將話題引申到了「責任 —— 榮譽 —— 國家」上來，結合西點軍校和他軍人身分的特點，銷講一氣呵成，深得聽眾的喜歡。

已故著名牧師康威爾（Russell Conwell）也是個講故事的高手。康威爾曾為了籌建大學而進行銷講募捐。剛開始的5 年，整天到處奔走卻籌措不到 1,000 美元。有一天，他看到一個園丁正在打理花園，就問道：「為什麼這裡的草長得不如別家教堂周圍草那麼好呢？」

園丁回答道：「那是你沒有把這裡的草和別家草相比的緣故。」是的，我們常常羨慕別人家的草地長得那麼茂盛，但是卻很少整理自家的草地。隨後，他恍然大悟，在後來的演講中，他以這個例子佐證「如果沒有努力工作就不要抱怨事情沒有向自己希望的方向發展」。

此後的銷講中，他又拿出了一個故事。一位農夫有一塊地，每天日出而作日入而息，雖然辛苦但是日子過得也很滋潤。後來，他聽說只要找到金子就可以一夜暴富，過上人上人的生活。他心動了，賣了地四處找金礦。

最後當然是什麼也沒找到，囊中羞澀的他在一個夜黑更高的晚上跳海身亡。諷刺的是買他這塊地的人，在散步中無意發現了一塊異樣的石頭，竟然還閃著光芒。原來這是一塊礦石，農夫的這塊地就是一個礦脈。農夫坐擁寶藏卻到處找金子，最後一事無成。康威爾在銷講中最後表示，財富也需要一雙會發現的眼睛，它屬於自己去挖掘的人，屬於相信自己的人。

「鑽石寶藏」的演講康威爾講了 7 年，每次都取得了很好的效果，共籌得 800 萬美元。這筆錢已經大大超過了建一所大學的需要，之後他完成了心願，這所大學就是賓夕法尼亞州費城的天普大學。

一個四年級的小學生，每天包裡都會有一個父母剝好的雞蛋。有一天，父母因為很忙就沒剝，這下孩子就沒辦法下口了。晚上，父母見到他原封不動帶回來的雞蛋，問他為什麼不吃？他回答道：「沒找到縫，沒辦法吃。」這是一個關於培養孩子獨立生活能力的反面例子。

有一個剛入大學的學生在演講課上做了一次題為〈當我走進大學校門的時候〉的銷講。銷講中他提到了一個關於阿里巴巴的故事。

「當時在阿拉伯有一個傳說，有一個神奇的山洞藏著 40 個大盜偷來的所有財產。但是洞門只能靠一句咒語開啟。結果阿里巴巴無意中知道了這個咒語，開啟了寶藏之門，成為了富豪。」他用這個小故事引出了來到大學就像走到了知識的殿堂。

如果你能夠用故事來激起聽眾的好奇心理，那麼你的銷講就成功了一大半。

曾經發表過兩篇類似的報導，一篇開頭是這麼寫的，「尖銳的槍聲打破了沉寂」；另一篇則是這樣寫的：七月的第一個星期，多佛市的蒙特危石旅館發生了一件不大不小的事情，引起了經理高貝爾的興趣，於是他向旅館的所有者史帝夫．法拉第和史帝夫旗下的旅館的經營者通告了這個發現。此時，距離史帝夫到各店巡查只有幾天的時間了。

然後讀者就很像知道到底是什麼不大不小的事情，什麼事情引起了高貝爾如此大的興趣，它吸引著好奇的你，想知道「十萬個為什麼的答案」，想把一切都搞清楚。

對於普通的觀眾來說，長時間理解抽象的觀點是很難的，故事、事例穿插其中除了調節氣氛之外，也能幫助聽眾盡快的理解。

但是在講故事的過程中，一定要慎用「聽來的」故事。為什麼？因為這種故事雷同的很厲害，假如一個雷同的故事被眾多銷講者當自己的故事講，就會影響聽眾對其可信度的認可。再者，如果這個故事是有人杜撰的，是假新聞，你在自己的銷講中傳播勢必也會產生不好的影響。

此外，在銷講過程中千萬不要長篇累牘地講故事，這樣會讓聽眾昏昏欲睡。總之，故事一定要選經典的，故事就像飯吃太多聽眾也受不了了。

◆深刻的內容，才能留住觀眾

在銷講開始時，一定要注意座位上聽眾的興趣點在哪裡，因為只有讓我們感興趣的事情才能讓聽眾感興趣。這個道理眾所周知，但是在實際操作中卻難如上青天。

有一位「體檢醫院」的銷售人員向一群老年朋友推廣付費體檢。第一場他是這麼講的，首先談了「體檢對於老年人來說是非常重要的，建議每年做兩次全身檢查」，然後他講了自己的「體檢醫院」與哪些知名高校有合作，醫院裡有哪些醫生是某知名醫院、某知名大學的教授。聽完後，很多老人的第一想法是，你想「騙」我去體檢。

第二場他的內容就做出了調整，開頭他引用了知名保險公司的數據，據保險精算師計算，人的壽命是現在年齡與 80 之間差的 2/3。假如你現在 20 歲，那麼你與 80 歲之間差就是 60 歲，2/3 就是 40 歲。這個時間你覺得夠了嗎？當然不夠，誰能超越根據百萬人壽命測算的平均壽命？我們都希望自己是個例外，僅僅靠注意飲食、多鍛鍊是不行的，你還需要定期體檢 ......

一位銀行家應邀發表了一場關於環保的演講，他的角度和常人很不相同。他首先講了孟加拉數以萬計的人正因為溫室效應而離開了國家，成為「環境難民」。有些人被迫離開了生活幾十年的家鄉到達卡謀生，有的搬到了稍微地勢高一點的地方，這已經是第三次搬家了，不知道水什麼時候又會漲起來。每次大水或者海嘯都會帶給孟加拉的居民深深的災難，這些年因為環境問題已經造成了孟加拉數以千億的損失。然後他講述了每年各國為環保做出的努力，政府又做了哪些財政支持。

在銷講的過程中，你可能會碰到一些尷尬的情況，此時千萬不要氣餒，幽默是你最好的武器。

一、巧用幽默

有位退休員工為某廠做主題銷講，但是因為內容枯燥，很多工人出現打瞌睡，不耐煩等情況。中場休息之後，他特地來遲了，然後面帶愧色的道歉道：「非常對不起！這幾天我愛人總是睡不好，所以我就跟她報告失眠的危害性，可是剛開了個頭，她就睡著了，但是我覺得應該講完，所以就遲到了 ……」

聽完後，臺下的工人都大笑不止，工人們從他的解釋中意識到了自己的錯誤，他也調整了銷講的內容，加入了很多幽默的小故事，讓現場生動了起來，後來報告也是贏得了滿堂喝采。

有人說，銷講的過程中誰的笑聲最多，掌聲最多，誰的銷講究最成功。有時候，笑聲來自一個搞笑的段子，有時候，又來自一個滑稽的動作，有時候來自幽默的語言。

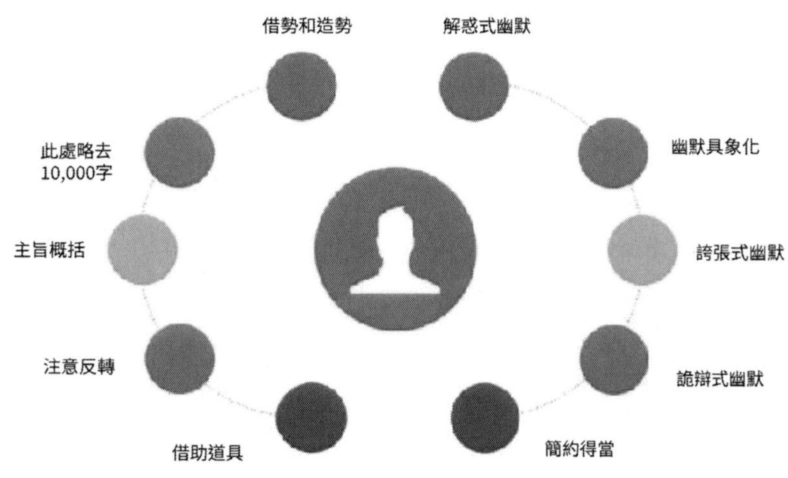

圖 6-3 幽默語言的十種方式

先談談幽默的語言，這點有以下幾個方式可以借鑑：

①借勢和造勢

一次銷講中，銷講者在開頭的時候提到今天他要跟大家講六點重點內容。接著，他就第一、第二、第三的講了下去，當講到第五個問題的時候他發現時間所剩無幾了。接著，他提高嗓門，來了一句，「第六」。

當大家很焦燥地想怎麼還有的時候，他說了兩個字「散會」。聽眾剛開始以為自己聽錯了，最後給予了熱烈的掌聲。銷講者透過第一到第五的造勢，然後到第六點打破常規，出乎觀眾的意料，達到了幽默的效果。

②此處略去 10,000 字

開幕式上，不少長官到場祝賀，每位長官都上臺說了幾句，占用了很長時間。當輪到某市長的時候，他首先代表市政府，對各位學者專家的到來表示由衷的歡迎。

掌聲過後，他接著說第二句，「最後，預祝活動圓滿成功。」中間他自己省略了幾千字，發言以迅雷不及掩耳之勢結束了，完全出乎大家的意料。石破天驚的語言，達到了幽默的效果，別處心裁獲得了很好的效果。

③主旨概括

某學校舉辦了一次歡送畢業生的茶話會，幾位任課老師紛紛向同學們表達了祝賀也對同學們提出了期許，他希望同學們畢業之後也不能放棄學習。隨後朗誦了一段高爾基（Алексей Максимович Пешков）〈海 燕〉（*Песня о Буревестнике*），叮囑同學們要向海燕一樣勇於打拚。

最後，在大家的殷切眼神中，王教授在毫無準備的情況下被要求上來講幾句。他講了四句話，第一句，祝賀大家順利畢業！第二句，希望同學們不要忘了「學習再學習」。第三句，他希望大家像海燕一樣勇敢的生活，不斷進取。第四句，他希望大家不要忘了學校，忘了老師，沒事多回來看看。

其實王教授只是將之前教授們的話做了主旨概括，只有最後一句是他想說的。可謂舊瓶裝新酒的模式，他機智的化解了沒有準備就臨時上臺的尷尬，也表現的風趣、幽默，極具個性。

④注意反轉

退伍轉業之後，拿著 25 萬到大城市創業。面對資金少、競爭對手多的困境，他在開會的時候首先確定了十年的目標。最後，他說以後買房子，客廳、臥室都可以小一點，但是陽臺一定要大。當時大家都很奇怪，他說 10 年後大家沒事做了可以在陽臺上數錢玩。十年後確實成為最賺錢的企業。

⑤藉助道具

（1）鮮明的對比。

別看魯迅先生每次出現在照片裡都一臉嚴肅，特別是豎起來的短髮好像時時都在批判。其實有時候，魯迅先生也很有幽默細胞的。有一次，魯迅先生來到藝術大學演講，他提了幾點對於美術界的建議之後。假裝將手伸進長袍裡，掏出一張捲紙，大家都以為這是什麼震撼大師的佳作，最後發現是一幅醜陋的月分牌。

魯迅先生藉助美術學校這個高雅場所與醜陋的月分牌進行了對比，其中的深意大家在笑聲中一品就可以得出。

（2）一語雙關。

某位長官的菸癮很大，每次開會都得為他準備好香菸。有一次他在演講會上掏出了香菸盒，但是手指摸了半天也沒見掏出一支菸來。當大家起身準備去為他取菸的時候，他笑嘻嘻地掏出了最後一支菸，然後夾在手指舉起來，說：「這個是最後一條」。他用一支菸來雙關這是銷講的最後一點。

（3）幽默的動作。

銷講畢竟不是講單口相聲，過於搞笑的動作肯定不太合適，但是也不乏能將其用的很好的人。

美國詩人、文藝評論家詹姆斯·羅威爾（James Russell Lowell）在1883年擔任駐英大使的時候，在倫敦發表了一次即興的餐後銷講。銷講中，他表示，太陽的執行方式主要有三種：第一種向前運動，就這樣直接向前走（起身，向前走）；第二種向後運動（站定，向後運動），最後憑藉著良好的方向感，他將自己帶到終點。他略顯滑稽的表演得到了觀眾的一致好評，形成了相當的轟動效應。

美國哈佛大學的哲學教授喬治·桑塔亞那（George Santayana）應邀做退休前的最後一次銷講。那是一個冬末夏初，銷講中一隻小鳥站在禮堂的窗戶上吱吱喳喳，所有人的目光都被吸引過去了。當大家扭過頭將目光再次聚焦到老教授的時候，他看了一會小鳥，然後說：「對不起，失陪了，我要與春天來次約會。」說完，他就急匆匆離開了禮堂。

這是老教授最後一次銷講，結果小鳥打斷了他的講話，本來是件很尷尬的事情，但是他卻選擇順勢而為，用幽默感輕鬆的化解。

⑥解惑式幽默

有一天，長官對時刻在身邊放哨，照顧他起居的下屬說：「你們只能為官不能為人。」在場所有的工作人員都驚呆了，這句話說得有點重了，我們精心竭力照顧你，怎麼就不能為人了？長官解釋道，你們把我照顧得這麼好，說明你們業務能力很強，但是你們全身心的照顧我就沒有時間考慮個人的事情了。

大家頓時就輕鬆了，大家的工作長官是認可的，這種批評式讚揚會先讓人產生錯覺，形成心理壓力，當冰釋前嫌之後，幽默感就會慢慢浮現出來。

⑦幽默具象化

這個銷講的內容較抽象，難以理解的時候。

有一次，孫中山先生在大學跟同學們將民族主義。讓學生們理解什麼是民族主義確實比較困難，所以孫中山先生先講了一個故事。

他說當年他在香港讀書，看見很多苦力圍在一起聊天，還時不時傳出笑聲，所以他湊上前去想聽。後來才得知，原來有個苦力非常擅長記住馬票上面的號碼，所以就將它藏在日常挑東西的竹槓裡。

後來，他真的中了頭等大獎，以為可以買房買車做點小生意，從此以後再也不用過出賣勞動力的生活了。他來到江邊，把竹槓扔了，想告別現在的生活。結果發現馬票在竹槓裡，竹槓順著水流走了。

竹籃打水一場空的故事很多，但是配上孫中山先生幽默的表達就足以為銷講增色不少。接著，孫中山先生回到了主題，民主主義就是這根竹槓，任何時候都不能扔。

以實求幽默，也要言之有物，形象生動，讓人回味無窮。

⑧誇張式幽默

大家還記得《百萬英鎊》（*The Million Pound Bank Note*）的作者馬克吐溫（Mark Twain）嗎？他不僅是小說家還是銷講家。有一次他坐火車去一所學校講課，可是火車開得太慢了，如果按這個速度開下去他肯定會遲到。所以，他想了個辦法洩憤。他買了一張兒童票，當車掌過來檢票的時候，他就這樣遞給了他。

車掌也有點幽默細胞，就打量了他幾圈，然後說：「真看不出來您還是個孩子呢？」馬克吐溫反駁道：「我現在已經不是孩子了，但是上車的時候是。」

他以此吐槽火車開得太慢，慢到足以讓一個孩子長成大人了，這種誇張式幽默的效果引得大家笑彎了腰。將事實無限制的誇大就是這種幽默方式的精髓。

⑨詭辯式幽默

有一次有位記者問蕭伯納（George Bernard Shaw）：「樂觀主義者和悲觀主義者最大的區別是什麼？」這是一個很大的問題，如果解釋起來恐怕三天三夜也說不完。蕭伯納是這麼解釋的，當一瓶酒還剩一半的時候，樂觀主義者會說，還有一半的酒，悲觀主義者則剛好相反，就只剩下一半了。蕭伯納的解釋可能有點以偏概全，但是這種幽默的方式讓人回味無窮。

著名的「白馬非馬」就是一種詭辯，它「歪曲」的解釋，造成一種不和諧、出乎意料的效果，從而產生幽默感。

⑩模仿式幽默

有一位女教師，上課總愛板著臉，所以很多學生都不喜歡她。

有一天她上課提問；「要麼給我自由，要麼讓我去死」是哪位大師說的？

下面鴉雀無聲，一會一名學生回答道：「派翠克·亨利（Patrick Henry）1775 年說的。」

回答的是一位外籍學生，這位老師說道，你們長在美國，美國著名大師說的話，你們卻答不出，而是一位外籍學生答出來了，你們不覺得羞愧嗎？

「讓非美國籍的人回自己國家？」一位美國學生喊道。

女教師很氣憤，「誰說的，給我站起來」。

沉默了一會，一位學生喊道：「老師，這是川普（Donald Trump）說的」。

這位學生模仿了老師的提問和回答方式，將舊的句子放進了新的語言環境中，形成幽默感。

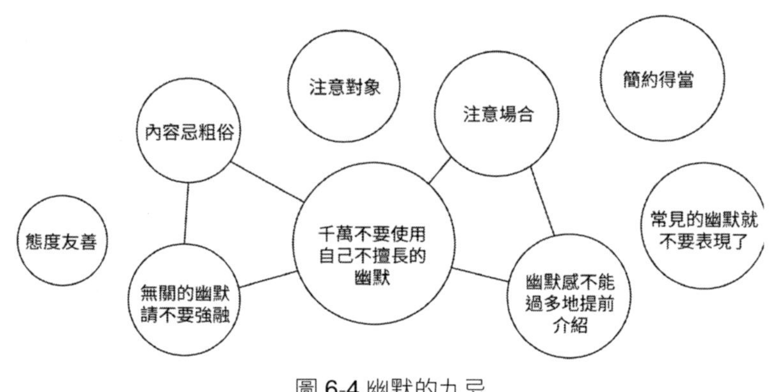

圖 6-4 幽默的九忌

二、幽默禁忌

在銷講當中，幽默感可以有，但是過了肯定會適得其反。所以在採用幽默來表達自己的觀點時一定要注意一下幾點：

① 內容忌粗俗

粗俗的幽默內容也能引來一時的笑聲，但是笑過之後聽眾會覺得銷講的演講者很 low，難登大雅之堂。所以，內容健康、格調高雅的玩笑才能讓對方留下啟迪和精神上的享受，同時也是你身分和素養的美好注腳。

有位鋼琴家波奇（Ivo Pogorelić）到一個禮堂舉辦自己的鋼琴演奏會，但是當他上臺演奏的時候他發現有一半的座位是空著的。所以，他幽默地說道；「城裡人真有錢，每個人都買了兩三個人的座位」。於是禮堂響起了一陣笑聲。

②態度友善

幽默有時候是一種諷刺或者吐槽發洩的表現，雖然是表達不滿，但是一定要友善的表達不滿，否則就和潑婦罵街效果一樣了。雖然有的人口齒可能不太伶俐，遇事也說不過你，但是你也一定要注意尺度，不能不尊重他人，最終與人交惡。

③注意對象

生活中，每個人的身分、性格、心情並不相同，所以開玩笑一定要注意對方的承受力。有時候，一個玩笑可以同學開和朋友開和同齡人開，但是不能對長輩開。

一般情況下，下屬不能開上級的玩笑，男性不能開女性的玩笑。在開玩笑的時候一定要注意了解對方的性格和情緒。對於偏外向的人，比如銷售人員、負責市場開拓的同事或者做廣告創意的同事，只要玩笑不太過分，一般大家笑笑也就過去了。但是如果是律師、公職人員或者會計、建築師等較為嚴謹的職業，開玩笑一定要慎重。

總之，在銷講的過程中一定要注意區分聽眾，如果是公職人員的大會，開玩笑一定要謹慎。

④注意場合

美國總統雷根（Ronald Wilson Reagan）有次開國會前，為了測試麥克風是否正常，就對著麥克風喊了一句，「五分鐘後，我們將對蘇聯進行轟炸。」顯然，這個玩笑開大了，大家都以為是真的，其實這只是一個玩笑。為此，當時的蘇聯政府提出嚴正抗議，要求其道歉。

所以，在莊重的場合一定不要開玩笑，特別是發言人還是總統的時候。

此外，注意千萬不要在重要場合發表有種族歧視、侮辱女性、宗教信仰、歧視同性戀或老人等有爭議點的笑話，要避免侮辱和諷刺他人。

⑤簡約得當

很多善於幽默的人，幾句話就能將把大家逗樂了，真正的幽默不繁冗。有位議員在演講的時候臺下觀眾的椅子腿斷了，摔了一跤。這時大家的吸引力全部被吸引了過去，議員說了一句話就挽回了頹勢，他說，各位相信我的理由可以壓倒一切異議了吧。話音剛落，底下響起了一陣笑聲，伴隨著熱烈的掌聲。

有一次，蘇聯最後一人總統戈巴契夫（Михаил Горбачёв）為了準時開會，叫司機開快車，但是司機膽子很小擔心違規。戈巴契夫命令司機與之更換位置，然後飛車前往會場。很快，他就被交警攔住了，但是交警也處理不了只能向上彙報。

警官很不滿意，什麼要人不好查辦？交警說：「我也不太清楚，但是戈巴契夫總統正在當他司機。」

⑥千萬不要使用自己不擅長的幽默

這個社會上總有那麼一群人不太會開玩笑，所以在銷講的過程中一定要謹慎使用，不然就會出現東施效顰的效果。經常出現以下幾種情況的銷講者最好不要使用幽默。

☼ 常常忘了笑話的笑點在哪裡；

☼ 笑話講到高潮之後戛然而止；

☼ 烘托不夠充分；

☼ 笑話還沒講完自己笑個不停；

☼ 僅僅描述笑話的內容，很難讓觀眾深入其中；

☼ 笑話還沒說笑點先透露；

☼ 講笑話忘記了重點；

☼ 不斷重複。

⑦幽默感不能過多地提前介紹

有的人在講笑話的時候通常開頭是這樣的，「下面，我跟大家講一個很搞笑的笑話。」本來一個很好的笑話，看到這個開頭你就會想起「從前有個山，山上有個廟，廟裡有個和尚」這樣的開頭，心裡有一個暗示，這個笑話不好笑。

銷講的過程中，你應該用巧妙的口吻和身體的動作來向觀眾傳遞這個笑話，而不是直接了當地講述。

⑧無關的幽默請不要強融

很多人為了活躍現場氣氛，強行講一些笑話，其實和主題一點關係也沒有，一連串無關的幽默講完之後，演講一半的時間過去了。銷講的過程中，每個故事每個幽默都應該有助於提升主題的表達。

此外，有些幽默的段子要隨著觀眾的變化而變化，或者在幽默段子的表達過程中隨時改變表達的習慣。

⑨常見的幽默就不要表現了

在銷講的過程中一定要考慮聽眾的新鮮感，大家都知道的笑話就不要講了。在準備和練習的時候，先將內容告訴你的朋友讓他們幫你把把關，檢查自己選擇的笑話是否已經爛大街，或者根本達不到幽默的效果。只有聽完你的笑話，觀眾發出了恍然大悟的笑聲，那麼你的笑話才算是通過了。

當然，保持笑話新鮮感最好的方法是從自身出發來編故事。但是這種方法有一定局限性，所以，還得借用別人的故事。

總而言之，開玩笑一定要考察天時地利人和等各個要素，不宜開玩笑的時候千萬不要開玩笑。此外，在銷講中，可以自嘲，可以適度誇飾，可以巧用笑話和名人的小故事，但是一定要注意以上幾個問題，否則效果會大打折扣。

三、幽默感怎麼培養？

有些人的幽默就是與生俱來，大家千萬不要羨慕。

但是，我們不能以龍生龍，鳳生鳳，老鼠的兒子只能打洞的固有思維來解釋幽默感的繼承。在這個世界上，很多知名藝術家的父輩都是普通的工人，警察的兒子也可能成為罪犯。所以，幽默也可以靠後天來培養。

①從含蓄開始

幽默首先應該從含蓄開始，最高級的玩笑是讓人回味而不是直觀的表達。蕭伯納的一位朋友請他吃飯，想讓其為彈鋼琴的女兒美言幾句。所以，當蕭伯納一到他家坐定後，他女兒就開始彈奏鋼琴，但是蕭伯納一直一言不發。

後來他女兒坐不住了，但是又不好意思直接問，就說道；「不好意思，沒打擾到您吧？」蕭伯納回答也很幽默，他說，沒關係，妳彈就好了。他的弦外之音猜想只有慢慢思索了才會知道，但是這種幽默、含蓄的表達方式，正好化解了現場的尷尬。

②靠想像和聯想

幽默有時候需要靠想像和聯想，所以平時我們必須廣泛研究各個大家的幽默作品，和民間經典的幽默段子，來增強自己的藝術敏感度，訓練自己的聯想、重構和想像的能力。

幽默沒有現成的模式可以參考，正因為沒有現成的模式所以有無限的可能性。

Part7
贏得人心，
再頑固的聽眾也能被說服

想要成功說服聽眾，就要先贏得他們的心。了解，是征服的第一步，只有充分了解聽眾的真實想法，分析他們的需求，才能做到有的放矢。嚴密的邏輯能讓聽眾心服口服，數據和事實永遠都是最有力的證明，只要掌握關鍵點和技巧，說服就能才順理成章。

◆知己知彼，徹底理解聽眾

演講並不是存在於我們頭腦中某種觀點的表達，更不是一篇簡單的演講稿。演講也不僅僅只是我們將內容傳輸出去，聽眾單方面接收訊息的過程。它的意義在於我們與聽眾之間的交流可以透過演講來完成。演講永遠不可能是單純意義上的侃侃而談，它還包括在整個演講過種程中聽眾的反應和評價。

所以，我們在演講的過程中，要時刻注意聽眾的反應，了解和掌握聽眾的工作非常重要，這也是我們在進行演講時最重要的環節。

一、了解和掌握聽眾

①觀察聽眾的反應

演講並不是我們單方面的內容輸出，聽眾也必須有接收訊息的強烈願望。我們在進行訊息傳播的時候，如果聽眾表現出反感情緒，那麼我們的演講就失去了對象，演講也就毫無意義可言。

②抓住聽眾的心理

我們演講的目的就是說服聽眾改變態度或採取行動，使自己的觀點讓人信服。這就需要我們在進行演講前了解聽眾的心理，了解聽眾的內心需求，抓住聽眾的「痛點」，有針對性的發表自己的觀點，這樣的演講才能被聽眾所接受。

③喚起聽眾的主動性

我們不能把聽眾簡單定義成被動接收者，其實他們應該是演講中的積極參與者。當聽眾對你演講的內容十分感興趣時，就會表現出非常積極、熱情的態度；如果他們對你的內容不感興趣，就會表現出一副冷漠的態度，這樣的演講就毫無價值可言。

所以，我們一定要牢牢把握聽眾的內心需求，激發他們的興奮點和主動參與性，這樣的演講才是成功的。

二、聽眾的六種類型

聽眾沒有固定的類型，根據文化層次、年齡階段、社會背景等多個元素存在著千差萬別的特性，所以針對各種不同類型的聽眾，如果都選用統一的內容，顯然是不合適的，這就需要根據不同類型的聽眾群體，有針對性的進行演講。為了便於把握演講主題，我們可以把聽眾劃分為以下六種類型。

圖 7-1 聽眾的六種類型

①集結被動型

集結被動型聽眾就是透過強制命令或手段將聽眾集結到會場中，這種類型的聽眾，受到紀律的約束，被強制性地帶到演講會場，心態還沒有完全轉變到聽演講這件事上。他們雖然坐在會場中，卻根本無心注意演講者表達的內容是什麼，態度非常消極，只是簡單的做一些附和或機械地鼓掌等。

②隨機偶成型

隨機偶成型聽眾就是被你的演講打動，而隨機過來的臨時聽眾。這種類型的聽眾類似於街頭圍觀雜耍的觀眾，他們被演講者的生動內容所吸引，也跟著圍觀過來，繼續聽演講者發表演說。這種聽眾的特性就是很隨意，來去自由、不受約束，他們只是巧合成為聽眾。我們的演講內容如果能積極抓住這部分聽眾的話，就是成功的演講；倘若吸引來的聽眾，聽了幾分鐘後就很快離開，那就說明我們的演講很失敗。

③自然轉變型

自然轉變型聽眾就是另外一個群體，突然轉變成為你的聽眾。比如正在火車站等車的人，或正在證券交易所的股民，或正在旅遊的團體遊客等，這群人因為相同的目的聚集在一起，他們彼此之間並沒有過多的連繫和關係。大家彼此之間並不熟絡，當有一個演講者出現的時候，他們會有一種主動迎合的態度，願意去傾聽演講者的內容，對於這類聽眾可以維護較長時間的注意力。

④積極反應型

積極反應型聽眾就是志趣相投的一個群體，他們可以是同一個社團的成員，或是俱樂部的組織成員、或是某個偶像的粉絲群體、或是我們的忠實聽眾。這種類型的聽眾，往往與我們保持高度的一致和積極的配合，是我們最貼心的一類聽眾。

⑤求知學問型

求知學問型的聽眾就是對演講值期望較高的人，他們目的很明確，想從我們的口中聽到自己想知道的知識和訊息。這種類型的聽眾具有涵養高、專注力強的特性，他們交流欲望強，能積極配合我們提出的各種需求。只要演講者能滿足他們的求知欲，就會對演講者心存感激和佩服之情。

⑥情緒對立型

情緒對立型的聽眾普遍存在對利益關係、政治態度、立場和觀念上的對立這種特性。這個類型的聽眾通常很極端，只認同自己的觀點，在演講中很容易做出具有威脅性的反應，不僅是對演講者的觀點不認同，有時候還會對某種派系的聽眾形成對立面。在這類人中演講，最容易產生激烈交鋒性的對話形勢。

以上就是我們大致概括出來的六種聽眾類型，對這不同的聽眾類型採取不同的銷講方式。總之，要真正說服聽眾，就要不斷地抓住聽眾的內心需求，找到與他們的共鳴點，講他們想聽的內容。

三、聽眾的心理需求

我們總說要抓住聽眾的內心需求是關鍵，那麼，聽眾的心理需求有哪些呢？歸納總結出以下四點，供大家參考。

圖 7-2 聽眾的四個心理需求

①滿足求知欲

「學到老、活到老」說的就是人只有透過不斷地學習，才能增長知識，充盈人生。但是我們每個人會因為社會背景、文化程度等各種因素的不同，對自己所追求的知識有著很大的差異性。比如有些人對自己職業方面的專業知識較為關注，有些人對自己興趣愛好方面的知識很敏感，還有的人不僅注重自己領域內的知識，還希望擴充視野，獲得更多更廣泛的新知識等等。這些聽眾內心所需求的知識不盡相同，我們當然不能籠統概括並混為一團的準備演講詞，這就需要我們以大多數聽眾的願望為依據，並盡可能的滿足不同層次的共同需求為目的，選取最合適的演講資料。只有這樣，演講才能抓住聽眾內心對知識的渴望，才能得到聽眾的積極認同。所以，身為演講者，我們要加強自身的文化、道德修養，提升自己各方面的才能，讓自己的演講達到一定的高度。

②滿足自尊心

每個人都有自尊心，並希望受到他人和社會的尊重，每個人都有維護自己人格尊嚴的態度，絕不容許遭到任何人的侮辱和指責。特別是現在青年聽眾，為了在社會上有自己的立足之地，不斷地努力工作，想盡快實現自身社會價值，希望自己的工作、人格得到社會的充分肯定。

所以，我們在演講的過程中，一定要抓住聽眾「渴望被肯定」的心理，應當盡量滿足聽眾自尊、自愛的心理需求，避免任何指責、諷刺、挖苦等話語出現，更不能當眾宣揚別人的隱私，當聽眾的自尊心得不到維護，聽眾就會出現負面情緒，以消極的態度面對你的演講，甚至還會發生破壞現場秩序的糟糕局面。

③追求理想道德

人都不是孤立存在的個體，生活在社會現實中，就不可避免的會接觸到各式各樣的人，然而每個人對道德評判的標準又不盡相同，所以在我們的生活中總會出現一些邪惡、奸詐、醜陋的事物，這些事物並不是我們對崇高道德理想的嚮往，人們更願意看到正義、忠貞、善良的東西。所以，我們在演講的時候，必須立場鮮明地宣揚崇高的道德精神，強烈指責不道德的思想行為，對於英雄模範給予高度讚揚，堅決斬斷一切邪惡勢力，從精神層面與聽眾保持高度一致。

④滿足審美需求

人們對於美好的東西，總是愛不釋手。美好的現實生活不僅能愉悅身心，還能使人們捕捉到新異美感的體驗。所以我們在演講中注入美的因素，就使演講變得美好起來，從而讓聽眾獲得了美感享受。聽眾審美的對象包括環境、內容、演講者的肢體動作及語言等多方面共同構成的，我們要抓住演講中的每一個細節，盡量達到聽眾的審美層面，滿足他們的審美需求。

受價值觀的影響，聽眾對演講的內容和形式最為關注，審美要求最高。不過每個聽眾都有自己審美的評判標準，對於同一演講，你認為好的，他可能認為並不好。雖然每個人存在審美的差異性，但是從聽眾共同審美的需求來看，能達到愉悅耳目、愉悅情感、愉悅理智這三種不同層面的審美需求，就是我們最應該達到的審美高度。

雖然會有不同層次的聽眾，但是只要我們牢牢抓住他們的心理需求，做到有針對性的滿足他們的心理需求，這樣不僅能讓聽眾獲得滿足感，也激發我們的演講熱情。

◆用數據與實際案例，提升說服力

銷講的關鍵是什麼？銷講關鍵在於取得聽眾的信任。只有當銷講內容具有信服力時，聽眾才會聽任於銷講者；否則，銷講內容就會貽笑大方。

那麼，如何才能獲得聽眾的信任呢？方法與技巧有很多，但最有效、最直接的是採用旁徵博引的表達策略。旁徵博引即採用數據與案例讓觀眾信任，讓銷講更有信服力。

然而，數據與案例也不是萬能的。在數據與案例能夠增強信服力的同時，也容易讓聽眾感到乏味與枯燥。那我們如何才能把數據與案例表達得生動風趣，如故事情節一般引人入勝呢？具體要做好以下幾個方面。

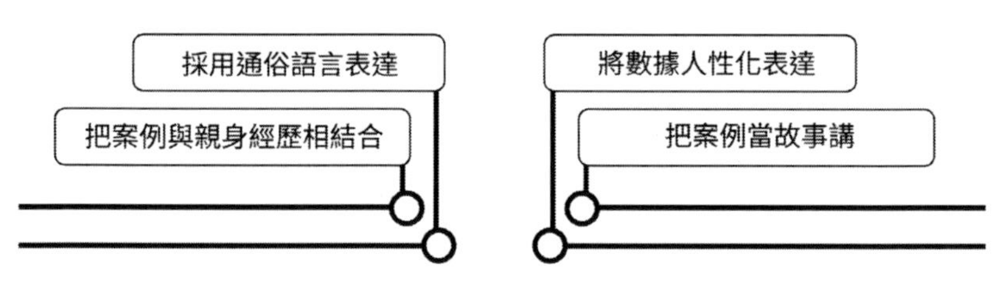

圖 7-3 用數據和案例增加說服力的策略

一、採用通俗語言表達

在一般人的腦海中，數據給人的感覺是專業而生澀的。但在銷講中，怎麼讓這些晦澀難懂的專業知識變得吸引人呢？這就需要銷講者用最通俗的語言將專業知識表達出來。畢竟，銷講的受眾多為平民聽眾，只有說出他們能聽懂、易接受的話，銷講才能達到實際的效果。

那怎樣才能說出聽眾們聽得懂的話呢？這就需要銷講者採用口頭語言與書面語言並重的方式來表達。雖然，在一般人印象中，相較書面語言，口頭語言往往通俗易懂、靈活多變。但在數據的表達上，恰恰相反。數據在書面表達中是很容易讀懂的，而在口頭語言中卻讓聽眾覺得不知所云。因此，這也給銷講者提出了很大的難題，就要求銷講者盡量避免直接使用書面數據，而採用更通俗的話來表達，唯有如此，聽眾才能明白銷講內容裡數據的作用。

美國著名的銷講大師安東尼（Anthony Robbins），在華盛頓的一次銷講中，妙用數據而取得了相當好的效果。

安東尼在銷講開頭用數據吊足了人們的口味。他說：「有一部電影被譽為『全世界最暢銷』電影，這部電影 1994 年發行，在 IMDB（網路電影資料庫）當中被超過 160 萬以上的會員選為 50 佳片中的第一名，並入選 20 世紀百大電影清單。」

聽眾馬上被這些數據所吸引，聚精會神地等待下文。安東尼繼續說道：「這部電影發行後，幾乎每一位看過的觀眾都對它讚不絕口，它所取得的成就是世界公認的，甚至被很多學校列在『必看的影片』清單上，還被翻譯成 30 多種語言在全國各地暢銷。它主要闡述了一種精神救贖。」

這時，銷講臺下不少人已經猜出答案了。安東尼給出了肯定的答案：「沒錯，這部片正是《刺激 1995》（*The Shawshank Redemption*）。」

安東尼能用這種循序漸進的方法引導聽眾進入銷講狀態，主要得益於數據的靈活運用。如果安東尼在銷講開頭沒有丟擲具體數據，那麼難以讓聽眾信服《刺激 1995》的暢銷度。如果安東尼對數據沒有進行靈活運用，那麼也難以提起聽眾的興趣。

二、將數據人性化表達

在銷講中合理運用數據，是再常見不過的表達方法。但是數據往往給人枯燥乏味的感覺，這就要求銷講者在運用數據時，要用人性化的方式表達，才能讓聽眾留下生動直觀的感受。

可能有些銷講者會認為，數據只有直觀運用，才是最準確、最具有信服力的。

這種說法具有一定的合理性，但同時也忽略一點，即銷講的聽眾是否能接受這種直觀枯燥的表達方式。如果觀眾反感數據的直接運用，就不會認真聽。那麼，即使這些數據再精確，也是毫無意義的。

更可況，銷講的聽眾大多來自各行各業，若是直接運用數據銷講，恐怕難以達到預計效果。即使是專業聽眾，也不見得會喜歡一連串的數據。因此，成功的銷講者往往採用人性化的表達方式，讓數據生動而親切，來提高聽眾的接受度。從另一方面來說，將數據用人性化的方式表達，對銷講者來說，也大有裨益。銷講者無需大費周章的去記憶那些乏味的數字，而可以採用更為有趣的方式記住，然後傳達給聽眾。

三、讓案例與親身經歷相結合

身為一名銷講者，除了會在數據上遇到難題，還會碰到案例的笑面虎。比如說，在引用案例時，一些案例雖然經典、代表性強，但是人盡皆知，這樣就會讓聽眾失去耐心，以至於難以達到銷講效果。但是，換個角度思考，如果我們將案例與生活經歷結合起來，效果會如何？且不說不用擔心案例的重複性，在表達生活經歷時所融入的真情實感，與單純的經典案例相比，給聽眾的感染感染力是完全不一樣的。

因此，銷講者要學會將案例與自身經歷結合起來，將自己的人生經歷融入到案例中去。當然，銷講者要注意的是，在融入時要平穩自然，切不可以強行植入。融入得越自然，越能提高信服力。

某諾貝爾文學獎得主在演講上也有很深的造詣。在演講中，他十分擅長用引經據典的方式，來描述有趣的故事，透過故事與聽眾分享他的寫作經驗。

他曾經在一次主題為〈講故事的人〉的演講活動中分享了他的演講經驗。他提到，現在很多人寫東西都愛追隨潮流，什麼東西新鮮就寫什麼，別人寫什麼就跟著寫什麼，這樣寫出來的東西沒有一點真情實感，實在難以使讀者引發共鳴。

銷講和寫東西一樣，要有真情實感，否則，假眼淚只能騙騙自己。就比如說，在某些銷講比賽上，總是有很多參賽選手提前背銷講詞，上臺銷講的時候就尷尬了，或多或少的緊張因素，讓銷講者把內容講得支離破碎，完全不能帶動起全場氛圍。以至於有的銷講者竟試圖自己掉眼淚來感染聽眾，無疑，這麼做就更尷尬了。連自己的眼淚都是假的，別人怎麼哭得出來呢？

所以說，講案例要有真情實感。將自己鮮活的人生經歷當做案例來講，是很容易引起聽眾共鳴，從而獲得聽眾注意的。此舉效果雖好，但很多人的人生經歷有限，不足以支撐銷講的內容。這就需要銷講者多一些人生歷練，來豐富銷講內容。

總而言之，旁徵博引是贏得銷講的重要策略，透過在銷講的內容中靈活加入數據與案例，來有效提升銷講的信任力，並同時在聽眾心中留下一個好印象。

四、把案例當做故事講

比起講案例，成熟的銷講者往往更愛講故事。這是因為故事趣味型強，不僅能引發聽眾的興趣，讓聽眾留下深刻印象，還能現場和聽眾互動，活躍銷講現場氛圍。

實際上，案例與故事有很多共通之處，比如，案例與故事都需要由人來演繹，講案例的時候，不妨像講故事一樣，將人講得栩栩如生，那麼，案例也會隨之鮮活起來。這樣一來，觀眾也會越來越愛聽案例。

說到底，案例之所以被聽眾有些排斥，在於案例的呆板與無趣。若是把案例像故事一樣繪聲繪色的講出來，觀眾注意力也會隨著跌宕起伏的故事情節而漸入佳境。當然，保留案例關鍵內容的真實性是非常重要的，這樣的案例才能更有信服力。

◆用邏輯循序漸進地說服聽眾

在循序漸進的表達策略中，遵循銷講內容本身的邏輯是重中之重。正如同世界上萬事萬物都有自己的邏輯順序，要想在銷講中展現邏輯的順序，就需要像順藤摸瓜一樣，順著邏輯順序的藤，摸到最終結論這個瓜。

在一般情況下，邏輯順序是固定的，但是在銷講中，我們可以試著做出一些突破。每個人獨特的邏輯思維，可能會排列出不一樣的邏輯順序。畢竟，每個人成長與受教育的背景不同，認識事物的角度也會不同，邏輯順序也會不同。身為一名銷講，關鍵是要能用自己的邏輯思維去感染甚至改變聽眾。

不過也要記住，無論一個人的思維與邏輯有多獨特，都要遵循事物客觀的執行規律。需要銷講者自身順著邏輯思維的藤，帶領觀眾摸索事情結果的瓜。銷講者只有順應邏輯連繫、尊重客觀規律，才能根據某一件事情的前因後果，引出某一類事情的客觀發展規律。

銷講者需要從以下幾個方面，來掌握順藤摸瓜的策略

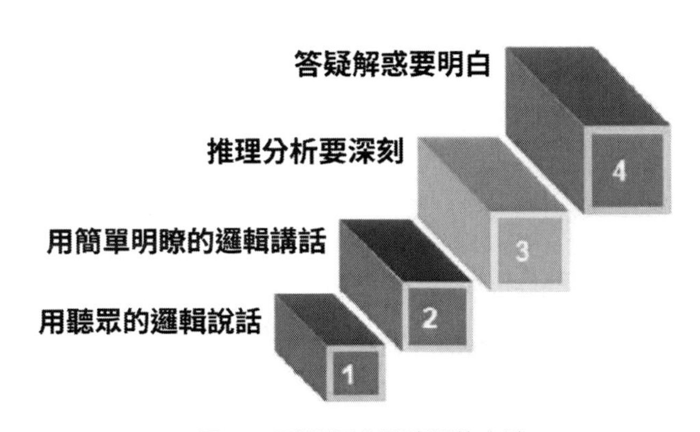

圖 7-4 用邏輯說服聽眾的方法

一、用聽眾的邏輯說話

在銷售產品中，我們往往最先考慮的是目標使用者群體的感受。在銷講中，也是如此，我們需要考慮聽眾的邏輯思維，用聽眾的邏輯思維來說話。而銷講的聽眾往往是來自各行各業的人士，並不具備專業的文化素養。因此，銷講中也忌諱用生澀難懂的專業知識去表達。銷講者應該從聽眾的角度出發，用聽眾的語言去表達，用聽眾的邏輯去溝通，才能與聽眾之間形成有效互動，才能取得優質的銷講效果。

用聽眾的語言說話，物理學家愛因斯坦（Hans Albert Einstein）可以說是運用得爐火純青了。曾經有個人在愛因斯坦的演講中問道「愛因斯坦先生，您的相對論非常深奧，難以理解。您能用我們普通人的邏輯講給我聽聽嗎？」愛因斯坦有趣的回答。「相對論就比如把一個人置於輕鬆愉悅的環境之中，這個人會感覺兩個小時就像十分鐘一樣飛速流逝；而同樣把這個人置身於監獄之中，這個人就會感到十分鐘像兩個小時一樣難熬，這就是相對論。」

可能這並不是一個新鮮的案例，但對於銷講來說，卻有極強的借鑑意義。銷講者不能沉迷於自己的邏輯思維不能自拔，應該跳出自己的專業圈，用聽眾的邏輯思維去表達，才能獲得聽眾的認同。

銷講者可以像愛因斯坦那樣，將高深莫測的專業知識轉化為日常生活中的常識，這樣才能使觀眾迅速理解。否則，銷講者一味堅持用晦澀的專業知識表達，就會讓聽眾會覺得不知所云，甚至引起聽眾的反感，導致銷講失敗。因此，用聽眾的語言去為大眾解釋專業事物，這是銷講者的專業素養之一。

二、用簡單明瞭的邏輯講話

銷講往往有時間限制，畢竟，觀眾的耐心也是有限的。那麼，要想在較短的時間裡將銷講內容都說清楚，對銷講者的語言和邏輯都是很大的挑戰。尤其當銷講者表達觀點時，單純的內容輸出是下策；讓聽眾跟隨銷講者的邏輯走才是上策。銷講者講到哪裡，觀眾的邏輯就會跟到哪裡；銷講者的清晰邏輯牽動著聽眾的心，聽眾願意耐心聽銷講者慢慢講述他的人生，在傾聽中聽眾就會不知不覺認可銷講者的觀點。

在銷講的過程中，有些銷講者可能會擔心聽眾無法完全理解他所表達的意思。因此會將一個觀點反覆闡述，這麼做會讓聽眾覺得十分囉嗦，進而失去聽銷講的耐心。因此，針對這種情況，銷講者要充分的準備銷講數據，將複雜的事情拆成幾塊來表達，這樣就可以令聽眾迅速理解與接收。

其實，只要銷講者自己有清晰的邏輯，順著邏輯講話，聽眾都能明白其表達的意思，但前提是邏輯不能亂。邏輯存在於我們日常生活的方方面面，並不遙遠。銷講者能把邏輯歸納得越簡約清楚，聽眾的接受與認可度越高，因此，銷講者一定要有邏輯簡化能力。

三、推理分析要深刻

生活有時就像一部懸疑推理劇，事實與真相就掩藏在撲朔迷離的亂象之中。這就需要銷講者用嚴密的邏輯思維一一撥開迷霧，去探尋事物的本質根源。當銷講者將聽眾當做朋友，將銷講當做與朋友分享與交流的一種方式，就會覺得銷講的過程就像與朋友探索事情本質經歷一般美妙。

人們與朋友聊天時，總是會就加入一些小八卦來調劑，而對於銷講來說，可以有但絕不能過多，畢竟，誰都不願意大費周章的來聽一場毫無價值點的講座。所以，當銷講者在進行社會現象的分析時，聽眾是樂於接受的。並且，這些鞭辟入裡的分析，往往能解答聽眾在日常生活中所遇到的困惑。銷講者要用自己嚴密的邏輯思維，順著這些社會亂象的瓜，將事物本質呈現給聽眾。

銷講的過程如同銷售產品一樣，了解顧客需求是第一步。在弄明白聽眾需要什麼，關心什麼的問題後，對事物進行深刻的分析，然後將分析的精華之處與聽眾分享。正如一千個讀者有一千個哈姆雷特，聽眾與銷講者對事物的看法肯定有不同之處，但是真理越辯越明，越討論才能越接近事物的本質。亦如同剝洋蔥一樣，只有一層層的剝開外皮，才能讓看到其內裡掩藏的真相。

四、答疑解惑要明白

當了解到聽眾的需求之後，就需要將分析的過程與結論與聽眾分享，從而讓聽眾受到啟發，明白事情的全部真相。在講述的過程中，我們可以採用更有趣的講解方式，一步步誘導觀眾去探知真理，畢竟，聽眾能聽明白才是最重要的。

曾經有一位銷講大師，在一場關於講解開口音與閉口音的講座上，採用故事的形式來表達觀點，取得了非常好的效果。教授以京韻大鼓的演員發音來舉例：「京韻大鼓的演員都有著標準的發音，但有一位女演員因為事故缺失了兩顆門牙，所以，她與別人交流時，會盡量使用閉門音來溝通。比如說，別人問，你住在哪裡呀？保全府。你多大啦？十五。你貴姓？姓吳。你是做什麼的？唱大鼓。而當這位女演員把牙補好之後，她就愛用開口音了。比如，別人問她住哪，她會回答城西；問她年齡，她會告知十七；問她姓氏，她會說姓李；問她職業，她會說唱戲。」

這場銷講轟動一時，觀眾在哈哈大笑聲中弄懂了什麼是開口音，什麼是閉口音。這場銷講的成功就在於銷講師用故事的形式，循循善誘使聽眾明白他所表達的內容。

在循序漸進的表達方式中，要求銷講者不僅要具備嚴密清晰的邏輯思維，還要有以一推百的技巧。讓聽眾透過一些典型的案例中，獲得思維的啟迪，而後能化解明白一系列的社會問題。這樣也能使聽眾明白銷講師的結論是大眾化的，並不是僅針對於某件事，如此也能使聽眾重視銷講師得出的結論。

採用循序漸進的方式引導觀眾，像順藤摸瓜一樣，順著事物自身規律，來獲得結論。從本質上說，順藤摸瓜就是為了讓聽眾明白，銷講者所表達的觀點是經得起實踐的。

◆掌握說服聽眾的 6 大技巧

演講就是透過自己的言論或觀點來改變他人的想法和態度，簡單來說，就是說服別人，讓別人認跟我們的觀點。在現實生活中，我們需要說服的對象很多，比如父母、朋友、上司等等。甚至遇到對自己實施犯罪行為的壞人，我們也要保持鎮定，運用巧妙的說服技巧，讓他能改邪歸正、回頭是岸。

在生活中，我們不可避免的會遇到要去說服人的情況，只要我們掌握技巧，就可以輕鬆說服別人。為此我們必須掌握以下六種技巧，才能促使我們的說服達到理想的效果。

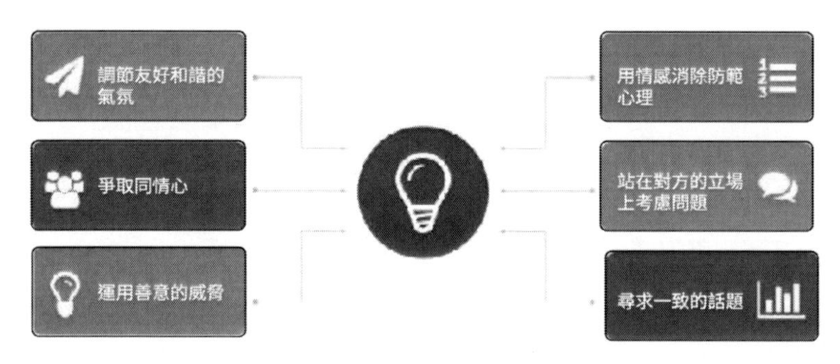

圖 7-5 說服聽眾的 6 大技巧

一、調節友好和諧的氣氛

在說服的時候，要調節好談話的氣氛，好的氣氛會造成事倍功半的作用。試想一下，如果你總是用一種盛氣凌人的架勢來說服人，只會讓對方有一種反感情緒，人都是希望被尊重的，你要說服我同意你的觀點，就要以一種平和委婉的方式進行，這樣不僅讓氣氛變的友好和諧，也維護了別人的自尊，也會讓他心服口服。

有一個中學老師剛剛接手了一個班的班級導師，還未來得及跟學生熟絡起來，就接到校方通知，要他召集班上的所有同學參加平整操場的勞動。

起初，學生們並不理會老師的安排，紛紛躲在教室裡不出去，這個老師並沒有用強制性的命令要求學生去參加勞動，而是運用了自己的小妙招，他笑著對學生們說：「外面太陽很大，大家都很聰明，知道現在做事太熱。」

剛一說完，學生們便七嘴八舌的說，確實是天氣太熱了。緊接著老師又說：「沒關係，那我們就等太陽下山了再做事，我們先玩一玩吧。」學生一聽就樂了，趁著學生開心，老師還專門去買了幾十根雪糕給他們降溫。在友好和諧的氣氛中，學生們從心底慢慢消除內心的牴觸情緒，開始接受老師的安排，不等太陽下山就提前把操場平整好了。

二、爭取同情心

當需要說服比自己強大很多的對手時，不妨讓自己表現的柔弱一點，這樣會迅速爭取到別人的同情心，達到我們以弱克強的目的。

一個剛滿 16 歲的小女孩想勤工儉學，卻被一個空殼公司騙去做直銷。當天晚上，一個自稱公司負責人的中年男人走到她的房間，小女孩很害怕，但是她很快調整了自己的狀態，迅速讓自己鎮靜下來，還沒等那個中年男人開口，她就先叫了一聲：「叔叔！」中年男人一下愣住了。

這時候，小女孩繼續小心翼翼的說：「叔叔，我一看您就是好人，我的爸爸跟你差不多的年齡，可他培育我不容易，一個人要打三份工，睡覺只有四個小時，我這次出來找工作，就是為了減輕他的負擔，不想讓他太辛苦了……」說著說著，就開始哭起來。中年男人好像也被感動了，沉默了一會，什麼都沒說就走開了。

面對比自己強壯的中年男人，小女孩沒吵沒鬧，透過自己柔弱的神情和話語來博取別人的同情。沒有人真的是鐵石心腸，之所以這個中年男人最後放過這個小女孩，就是從小女孩的言語裡激發了他的同情心，一想到要讓這麼懂事的孩子和那麼辛苦的父親分開，中年男人同情的種子一下子就在心頭萌發了。也正是因為這種同情心，才沒讓事件繼續惡化下去。

三、運用善意的威脅

人都會有恐懼心理，適當的進行威逼，可以增加這種恐懼感，從而達到說服的目的。

一個導遊帶了一個旅遊團，晚上大家風塵僕僕的趕到預定好的飯店後，卻被飯店櫃檯告知沒有熱水。全團遊客都表現出強烈的心煩和不滿，導遊為了盡快找到解決方案，約見了飯店主管。

導遊：這麼晚把您從家中請過來，實在是不好意思。但是現在大家都滿頭大汗的，怎麼可能不洗澡呢？而且我們之前一直在您這裡預定飯店，從來也沒有發生過這種情況？您說怎麼辦吧？

主管：目前的解決辦法就是讓大家先去公共澡堂洗澡，堅持這一天，明天就好了。

導遊：好的，我可以說服大家暫時克服一下困難，去公共澡堂洗澡，但是我們得說清楚，既然我們一晚的房價是 1,000 元，如果沒有熱水提供的話，這跟青年旅舍有何區別，那房價就應該降到 700 元。

經理：那肯定不行啊，房價都有統一的標準，再說你們這個已經是團體優惠房價，不能再降了。

導遊：OK ！那您提供熱水給我們吧。

經理：鍋爐工暫時來不了，我也沒辦法提供。

導遊：那您總得給個解決辦法啊，您既不讓降房價，又不提供熱水，難道讓我們這一大群人在這裡耗著嗎？遊客們已經表示強烈的不滿了，那您去跟他們解釋一下吧。

最終，主管主動打電話叫鍋爐工務必盡快過來，大概 40 分鐘後，每個房間的浴室裡都有了熱水。

這就是利用威脅的手段，增強了說服力，我們在具體運用的過程中，要注意以下幾個關鍵點：第一，態度要友善，切忌咄咄逼人；第二，清楚表達可能造成的後果，以理服人；第三，掌握好威脅的分寸，不要過於強勢，激起別人的反感。

四、用情感消除防範心理

我們在說服別人的時候，對方常常會有一種防範心理，這種心理是對你不信任造成的，所以在這個時候，我們要積極與對方拉近距離，建立情感互動，讓對方覺得我是朋友而不是敵人，可以透過噓寒問暖、給予關心等方式給對方幫助，從而消除對方的防範心理，當對方卸下這層「防護罩」後，我們的說服就很容易成功了。

有一個計程車女司機上夜班，碰到一個劫匪，對方開啟車門，掏出刀就開始索要錢財。女司機嚇了一跳，趕快拿出 400 塊錢給劫匪，見劫匪並沒有下車離開的意思，穩了穩情緒說：「剛才給你的 400 塊錢，是我今天晚上跑車的錢，還有幾十塊零錢，也都給你吧。」說完就把身上的一堆零錢翻出來給他。劫匪見女司機如此爽快，竟有些不知所措。

正當劫匪還沒反應過來的時候，女司機趁機說：「你要到哪裡去？不如我送你去吧，這麼晚了，叫車不容易。」劫匪見女司機並不反抗，甚至還表現出友善的態度，漸漸放下了心中的防備心理。

女司機發覺劫匪放鬆了警惕感，就語重心長地對他說：「我們每個人的生活都不好過，我沒有一計之長，一個女人只能大半夜的出來跑車，雖然我累點苦點，可我心裡踏實啊。」劫匪突然慢慢收起了手上的刀，一副若有所思的樣子，這個時候，女司機繼續說：「你年紀輕輕的，做點什麼都比我強，過這種擔驚受怕的日子，真是太不值得了。」

話剛一說完，劫匪就大哭起來，女司機見狀，馬上用安慰的口吻說：「小子，今天我們兩個有緣，這錢就相當於我借你的吧，你到時候賺到錢了，再還給我，以後都別再做這種傻事了。」劫匪用袖子擦了擦眼淚，把錢立刻塞到女司機的手中，開啟車門，頭也不回地走了，只聽見空曠寂靜的馬路上迴盪著一句堅定話語——「我以後餓死都不做這事！」

五、站在對方的立場上考慮

投其所好地站在他人的立場上考慮和分析問題，能給他人一種被重視的感覺，運用這種方式的時候，我們要「知己知彼」，提前了解對方的特性和需求，然後才能站在對方的立場上為他們考慮問題。

某機械廠要生產一批新產品，將其中一類小部件委託給一家小工廠製造，經過一段時間後，工廠將已經完工的半成品交到機械廠時，卻被告知不合格，需要退回去重新加工。由於時間緊迫，機械廠負責人令其盡快重新加工，但是小工廠卻不同意，他認為機械廠給出的要求和樣品就是這樣的，沒理由讓他們重新加工，雙方僵持不下。

機械廠廠長看到這種局面，並沒有不依不饒的責令小工廠必須立即執行，而是用緩和的語氣對小工廠負責人說：「實在是不好意思，我想可能是我們公司設計不周造成的，讓您跟著受罪，實在抱歉。幸好你們送來了產品，讓我們及時發現自己存在的問題，可事以至此，總要去完成的，所以還得請你們多多幫忙，將我們的產品再加工的一下。」

聽完機械廠長的這番話後，小廠負責人不但平息心頭的怒火，還欣然應允了機械廠的各種要求。

六、尋求一致的話題

有些人非常固執，總是堅持自己的觀點，經常頑固拒絕別人的說服，所以我們在跟他溝通的時候，他常會表現出一副僵硬的表情和姿勢。說服這種人，如果一開始就進行觀點的闡述，根本無法讓對方有效接收，反而讓溝能氣氛變的更凝重，我們不妨先從對方感興趣的話題出發，然後再將我們的觀點引入到話題中，這樣對方會更易接受一些。

有一個男孩愛上了一個女孩，可女孩覺得他長的有些醜陋，從不正眼看他。

這天，男孩來找女孩告白，他鼓足勇氣說：「我聽說姻緣都是上天安排好的，妳相信嗎？」女孩很不耐煩地回了一句：「相信。」男孩接著說：「我也相信，我聽說，每個男孩和女孩在出生前，都有為自己配對好的一段姻緣。那麼，我出生的時候，新娘肯定也是早就配好了的，我記得上帝有好幾次跟我說過，我的新娘通情達理、非常善良，唯一的缺點就是不夠漂亮。我當時就急了，我懇求上帝：我最愛的新娘，怎麼能不美麗呢，這對她來說是多麼大的傷害，我寧願用自己的一生的醜陋來換取她的美貌。」

女孩看到男孩真摯的表達，竟感動的熱淚盈眶，她伸出手，接受了男孩的告白。

總之，世界上沒有一種力量，會比說服力更偉大，我們在注意自身說話魅力的同時，多從細節做起，找準對方的心理需求，保持良好積極的心態，提升自身的說服溝通能力，從而獲得心靈的成長。

Part8
「成交」是銷講的唯一目標

銷講的最終目的是成交，從銷講者走上演講臺的第一秒開始，成交就已經開始了。成交的分為開場、中場和後場，這三個環節的目標分別是：收心、收魂和收錢。銷講者要把成交當成一種信念，讓成交貫穿銷講的始終。

成交至上

全世界 70 多億人，只要不是啞巴都能說話。在這個世界上，會講的人很多，講完後得到掌聲很容易，演講好的人也很多，得到鮮花和歡呼聲也不難。那最難的是什麼？是成交！是在講完後，讓別人願意心甘情願地把錢放入你的口袋，收人、收心、收錢、收魂，這才是銷講的關鍵！所以這不僅是一本教您如何講的書，重點是教你如何賣的書！

有些人口才很好，卻賣不掉東西，有些人很會銷售，但不敢站在臺上演講，這些都直接影響最終成交，銷售不是說得好，而是說得對。最關鍵的臨門一腳是收錢，錢收不到，你會說話，會造勢，會演講，這些都沒用，結果等於零。

所以本書教你的不是講「有道理」的話，而是教你講「有結果」的話！重要的是解決銷售人員對成交充滿信心的問題，只有自身充滿足夠的信心，相信自己定可以，相信自己就是全世界最能成交的人，再運用正確的方法，成為一名銷講高手。

在當今社會，口才的重要不言而喻。你見過口才好的人，混得沒飯吃嗎？除非人品不好，沒人理他。口才好、人品也好的人，都能在社會上找到自己的立足之地。但是，我發現很多老闆企業做大了，卻不會在臺上說話，不會銷講。這樣下去，企業在這個自媒體時代要突破瓶頸就不容易了。只有學習銷講，企業家才能成長，企業才能繼續發展。

縱觀國際，所有成功的企業家和國家領導人都有著超強的銷售能力和公共演說能力。在現代社會銷講能力已經成為成功的關鍵。所以，我們必須學習銷講，必須掌握成交方法。

一、成交不是索取，是貢獻

在學習銷講時，我們都應該記住一個道理：「在這個世界，別人會因為我得到更多，而得到更多！」我們要隨時隨地，做有價值的事情，去力所能及地幫助身邊每個人，要學會利他，學會付出，像太陽一樣去照耀，而不是炫耀。

同時，我們還要記住第二句話：「成交永遠比成交額更重要！」學會銷講最重要的不是為了開口，而是為了成交，是讓客戶很舒服地被你成交。成交的力度取決於講的高度，演講的高度取決於我們對人性的了解深度。

銷售是信心的傳遞，很多人在還沒有接觸客戶的時候就信心不足，對自己公司的產品質疑，對公司的業務模式質疑，對公司的價格體系擔心。很多人總是不好意思開口，不好意思報價，不好意思收錢，這困擾著很多銷售人員。在工作中，始終保持這樣的狀態真的非常糟糕，這會影響團隊的士氣，讓整個銷售業績惡性循環。

想像一下，你是老闆，年底到了，你準備了一大堆紅包，然後站在臺上，發錢給每個人，你是什麼感覺？你會緊張嗎？當然不會！我們也可以把成交想像成發紅包，此時你是在貢獻，你是有價值的，你不是在索取，你是在得到支持的。感受下這個感覺，當你找到以後，你就用這樣的感覺上臺，明白每一次演講你是在付出，你是在貢獻，你並不是在索取。這樣的練習多做幾次，你的緊張感就會逐漸消失，當緊張感消失後，你自然而然就會說話了，詞語和句子始終會出現在你頭腦裡，你根本不會講不好。

二、所有溝通都是為了成交

在一張桌子前坐著 8 個人，有一個人在那裡滔滔不絕地講話，大家完全都插不上嘴，只聽見這個人在講自己多麼厲害，做了多少事情。這個人看似口才很好能說會道，實際上他一點水準都沒有，這樣的人，你會不會喜歡呢？你想做什麼樣的人呢？怎麼讓別人一看到你就感覺你有親和力，願意和你在起呢？這裡有個祕密：誇獎和讚美身邊的人。如果你能給身邊人機會，能發掘他們的閃光點，並給他們展示的機會，他們自然會圍著你轉，你自然就是主角。

陳總是我的一位學員，也是我的朋友，他十分擅長欣賞和誇獎別人，在一個飯桌上，陳總說：「這個小妹很了不起，年紀輕輕就當上了經理，工作很優秀」；「這位張大哥更厲害啊，一年產值十幾個億，還不斷出來學習精進」；「我向大家介紹一下這位陸大姐，她是個傳奇人物……」一桌講完，全部捧了遍，大家最喜歡和誰在一起，每個人都心知肚明吧！

當然，在這裡我們除了要學會捧別人，給身邊人機會，我們還要學會傾聽。每到一個場合，話不要太多，傾聽就可以了，聽的時候就是學習的過程，關鍵時候說幾句捧人的話，給大家想要的，大家自然就願意親近你，給你機會。

普通人說話要講 3 到 5 個小時，才好不容易成交一單，真正的高手只需要寥寥數語就能成交，一開口錢就自動來了。不管是商界、職界，有錢的，沒錢的，阿彌陀佛四個字一開口，一般就「成交」了。所以講話不是要講多，而是要講出效果。

銷講的絕頂高手不講話都能收錢，這才叫厲害。一開始看山是山，看水是水，接下來就是看山不是山，看水不是水，就可以變通，可以創新了。到最後你發現其實看山還是山，看水還是水，這就代表你學成了銷講，已經達到爐火純青的境界了。

當然，銷講的範圍很廣，它不僅僅指賣東西，還包括各種溝通，與人溝通，與上司溝通，與下屬溝通，與客戶溝通，與投資商溝通，在溝通的同時有效達成你要的目的。

◆開場成交：收心

從銷講開場的第一秒起，成交就已經開始了，從此刻開始，我們就要調整狀態，全身心地為銷講做準備。俗話說「好的開始是成功的一半」。為了達到順利成交的目的，我們必須從開場就做好準備，把握好成交的每一個關鍵節點。

前面的章節中，我將到過銷講的開場，但那是演說層面的開場，在本節我要和大家探討的是成交層面的開場。

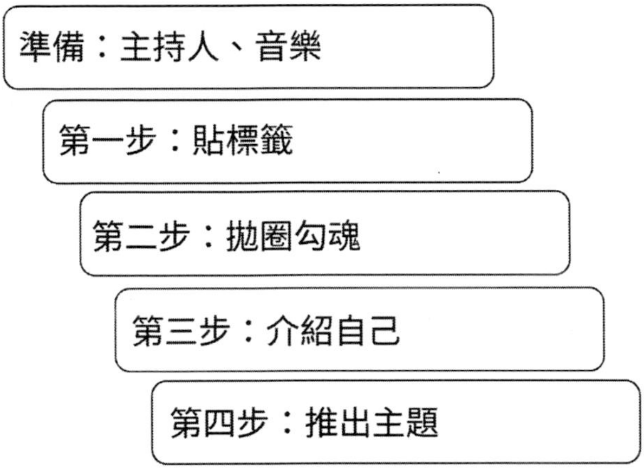

準備：主持人、音樂

第一步：貼標籤

第二步：拋圈勾魂

第三步：介紹自己

第四步：推出主題

圖 8-1 開場成交步驟

一、開場成交的準備

①主持人破冰

通常，在我的絕大部分銷講課堂上，都會有一個主持人。主持人非常重要，他是成交前關鍵的環節。主持人的目的就是破冰，他需要幫助我化解學員們剛進課堂的陌生感，他需要營造課堂裡的學習氣氛，他還需要調動學員們的熱情。

主持人在整個破冰環節需要調動現場的熱情和參與度，當主持人對我的介紹、讚美和推崇達到高潮時，就會引導大家全體起立，以排山倒海般的掌聲和歡呼聲有請我閃亮登場。此時那些還沒有進入狀態，還在懵懵懂懂的人會本能地、被動地站起來鼓掌。

② 音樂渲染氣氛

這裡有個關鍵的地方，那就是音樂，每首音樂都應該是精心挑選的，要符合講師本人的氣場，和現場的氛圍。音樂聲響起，伴隨著大家的掌聲、吶喊聲、歡呼聲此起彼伏，講師就可以上場了。

千萬不要小看主持人的推崇和音樂，這是整個一對多銷講，也可以說是成交初始最重要的心理催眠。

這個環節可以解除臺下聽眾和講師之間的陌生感，並塑造講師的完美形象。還可以直接拉近聽眾和講師之間距離，建立起一個初步的信任。最重要的是，在每個學員心裡種下一個種子，這個講師師是有價值的，是有料的，他的銷講是值得我聽的。

說白了，藉助第三方的推薦，大家才會信任銷講者，如果銷講者自己直接上臺，開始做自我介紹，在大部分人的心裡很難建立連線，從而導致彼此之間的信任無法建立。這會為後續的銷講和成交帶來很大的壓力，主持人破冰和音樂暖場十分重要。

當我們自己開招商會、培訓會和業務會議時，不管你喜歡或者不喜歡，都需要有一個第三方主持人來暖場和叫好，從而提前建立信任，這樣你再開始銷講才會更順利。

除了準備好關鍵的主持人和音樂以外，我們還需要準備下述東西

①準備好自己的狀態

自身的狀態關係到演講的整體效果，一定要帶著激情，帶著興奮的感覺去演講。要在不同的場合準備不同的形象，服裝搭配要讓人產生好感。這些內容，前面的章節已經提到過，我在這裡就不再贅述了。

②準備好產品特點和商業模式

開場之前，你要弄清楚你的產品有什麼特點？哪些特點是競爭對手所不具備的？你要很清楚地明自自己的產品與別人的同類產品相比有什麼不一樣的地方。而一個好的商業模式不僅能打動聽眾，而且往往會讓你的成交變得非常簡單。

③準備好自己的使命

只有帶著使命感去銷講，才能順利成交！身為一個銷講者，你必須知道自己的目標、夢想和使命。當你找到了自己的使命，你就決定了你銷講的高度，和最後成交的結果。

④準備被拒絕

「產品太貴，沒時間，家人不同意，不感興趣以前買過……」，客戶或聽眾拒絕的理由有千千萬，我們應該做好心理準備。而且要提前想好應該如何打消疑慮，建立信任，把被拒絕的機率降到最低。

做好充分的成交準備以後，我們就要進入開場成交環節了。

二、開場成交第一步：貼標籤

你想要一個人做出什麼樣的行動，就給這個人貼什麼樣的標籤。人因為相同而在一起，因為不同而成長，你希望人們做出什麼樣的行動就賦予他們什麼樣的身分。

你給對方的身分貼什麼樣的標籤，他就會用什麼樣的行為對號入座，要麼認同，要麼反抗，從潛意識來說，不這麼做會感覺格格不入，繼而產生內疚。

在生活中，我們經常會希望得到某些人的幫助，當我們遇到這樣的人時，姿態會不由自主地低下來，為什麼會這樣？因為一切都是層次的改變，高層次的人影響低層次的人，夢想大的人影響夢想小的人，所以當我們給某個人貼上某個標籤的時候，就是在影響他。

一個人的身分和他當前所處的環境，會影響他的行為。

處於高處的一定影響處於低處的，所以，在開場時給不同的人標籤不同的身分，再加上現場創造的環境，就會潛移默化地影響到這個人未來行為、舉動。

很多事實都證明，人的能力、性格、行為、舉動、環境等的形成，相當一部分取決於周圍環境和他人的標籤和期望。由於孩子的心智尚未成熟，心理控制能在力較弱，受暗示性程度較強，所以容易被大人的期望所左右。他們很容易相信和接受別人定義的身分，從而把外來的評價化為自己對自己的預期和判斷。而成人也是如此，在銷講中運用貼標籤法，對潛意識進行暗示和期望，在之後的成交環節是能造成關鍵作用的。

重要的事，再次強調：當你希望別人做出什麼樣的行為時，就直接給予對方什麼樣的身分標籤。想要順利成交，我們在開場時就要給客戶或聽眾貼上標籤。

一次招商會，一次溝通，一次演講，是沒有任何多餘廢話的，整個環節都需要精心設計，在一開口就必須種下心錨，並下達指令。這句話只需要 5 秒就講完了，此時很多人只是聽到了一個很客氣的開場白，但人的潛意識卻已經開始工作了。他將在之後的幾個小時去匹配自己是否符合這三個條件，如果不符合，就會去修正，並等待最終的積極響應，以證明自己就是這樣的人。

這種潛意識的行為，人們往往是沒有察覺的，因為場域的力量，一旦你被貼上標籤，而自己又沒有察覺時，心錨在最後一步被引爆，很多人就會不由自主地去行動了。

三、開場成交第二步：丟擲問題

具體做法是：用 3 個假設，丟擲 3 個問題，並給出 3 個解決方案，以此來吸引客戶或學員的注意力和關注度。

真正的銷講是沒有一句多餘廢話的，所有的語言都是精心設計，在開場第二步中直接丟擲問題，其主要目的是建立吸引力，重要的是告訴所有人：我有站在臺上講下去的權利和資格，這點非常重要。這是在信心上直接與客戶建立起一種連線，並且強而有力地把對方的注意力集中在自己的身上，這對接下去的第三步有至關重要的意義。

舉個例子，在某一次銷講中，我提出了下面三個問題，成功吸引了客戶的注意：

在未來的人生當中，假設有一種「方法」，可以讓你的銷售業績倍增到 100 倍，你想不想掌握？

在未來的人生當中，假設有一套「系統」，可以讓員工主動承擔責任，自動自發地去工作，你想不想擁有？

在未來的人生當中，假設有一套「工具」，可以讓你的產品遠遠甩開競爭對手，建立壟斷優勢，你想不想了解？

這種提出問題的方法運用的關鍵在於連續丟擲 3 個假設，假設可以是產品、思想、工具、方法、系統等你要賣的東西，並給予一個完美的解決方案，最後問對方想不想擁有。在這裡「想不想」是一個催眠詞，可以讓人的潛意識展開聯想工作，為之後的成交埋下伏筆。

我們丟擲的三個假設和三個解決方案建立在產品的核心價值上，只有抓住了核心價值，才能擊中聽眾的心，勾住客戶的魂。那麼，我們要如何來找到自己產品的核心價值呢？

我們可以問問自己，公司的產品能為客戶帶來多少好處？

公司的產品能為客戶帶來哪些好處？

讓人看了就想買	讓家人支持	診斷企業未來方向	讓客戶持續消費
能占據客戶心智	讓員工擁護	了解產品的發展趨勢	讓員工自發工作
與客戶建立信任	讓客戶認可	給企業發展規避風險	節省時間
節省溝通成本	行銷效果擴大N倍	創新的專家指導	品質保障
提升企業形象	全新的行銷管道	甩開競爭對手	財富倍增
讓同行尊重	管理效率提高	讓客戶一下子能記住	激發潛能

圖 8-2 公司產品能為客戶帶來的好處

上圖中，我羅列了一些產品可以帶給客戶的好處，你可以對照上表來考慮自己的產品或服務。找到了產品的核心價值，接下來我們還要給客戶解決方案，可以從著名的「馬斯洛需求層次理論」上尋找：

圖 8-3 馬斯洛需求層次理論

假如一個人同時缺乏食物、安全、愛和尊重，通常對食物的需求量是最強烈的，其他需求則顯得不那麼重要。此時人的意識幾乎全被飢餓所占據，所有能量都被用來獲取食物。在這種極端情況下，人生的全部意義就是吃，其他什麼都不重要。只有當人從生理需求的控制下解放出來時，才可能出現更高級的、社會化程度更高的需求，如安全的需求。

明白了需求層次理論後，我們可以想一想自己的產品和服務可以解決哪些需求，找到產品能為客戶帶來的解決方案和好處後，就可以設計三個問題的話術了。

在每個問題話術結尾，我們需要調動現場氣氛，要加上一個凝聚口號和動作，具體話術為：「在未來的人生當中，假設有一種工具可以讓你的產品瞬間讓上萬人知道，你想不想了解？想要了解的，請把你們的手舉高舉直，對，像我這樣，舉高舉直，並大聲對自己說：「YES ！」

四、開場成交第三步：介紹自己

很多人一開場說話，就是「你好」、「感謝」、「我是誰」三部曲，總是迫不及待地要讓客戶知道自己叫什麼名字，迫不及待地要做自我介紹，以此拉進距離，殊不知高手從來不這麼做。因為自我介紹是非常關鍵的一步，沒有前面的鋪陳，貿然地把自己介紹出去，往往無法與客戶建立更深的連線。要知道，無懈可擊的自我介紹是透過放大自己的故事開始的，如果前期沒法讓客戶信服你，給客戶一個想聽下去的理由，此時大部分人已經恍神了。所以在第三步推出自己至關重要，當然這裡也有嚴格的話術要求：

我們可以透過一張時間線表格來清楚地整理自己的過去、現在和未來。列出來之後，填入下面的表格中，例如：

表 8-1　過去、現在和未來的對比

過去 沮喪時刻／失敗時刻	現在 歡呼時刻／自豪時刻	未來 夢想時刻／發明時刻
內向	敢上台演講	導師型企業家
維修工人	千萬富翁	捐出 100 億

電腦白痴	技術高手	大型專案設計師
欠債上百萬	一天就賺上百萬	成為億萬富豪
不會賣東西 不喜歡運動 炒股票失利 生意失敗	銷售高手 戶外達人 金融達人 十幾萬用戶	頂級銷售大師 攀登珠穆朗瑪峰 擁有金融帝國 上市路演
從小沒有愛	學會愛自己	愛身邊每一個人

當我們整理出自己的過去、現在和未來以後，就可以用下面的超級放大話術把自己放進去。這套話術就是無懈可擊的自我介紹，裡面充分使用了語言的技巧，讓聽眾對這個講臺上的人刮目相看。下面，來看看具體的案例吧！

我有一位學員，他透過學習銷講改變了自己，從一個內向害羞的人，變成了一個能站在舞臺上侃侃而談的銷講高手，而且也取得了事業上的成功，他是這樣做自我介紹的：

「假如有這麼一個人，他過去很內向，現在他敢上臺演講，成為了一名導師。你們想不想認識這個人？

假如有這麼一個人，他過去不會賣東西，現在他成為了銷售高手，你們想不想認識這個人？

假如有這麼一個人，他過去生意失敗，現在他一天就賺幾十萬，實現財務自由，你們想不想認識這個人？

不僅如此，他的公司還擁有十幾萬使用者，未來他將進行上市路演，大家想不想認識他？想不想知道他是如何做到的？這個人就是我，XXX。」

你也可以模仿這套話術，把自己的經歷填入進去，就形成一套屬於你自己的無懈可擊的自我介紹了。大家填入自己經歷的時候，要讓過去和現在的內容形成一個極大的反差，這樣才能勾起聽眾的興趣。

五、開場成交第四步：推出主題

真正的銷講高手都清楚，將氣氛調動完畢，把自己介紹出去之後，才是真正推出主題的時候。大部分談判高手在進行商務談判時，也是先把自已推出去，然後才會切入主題。

透過開場的前三步，臺下的聽眾已經在一開場被拋圈勾住魂了，同時聽完你完美的自我介紹，就會非常期待你分享的主題。這是你就可以順勢介紹主題，比如：「今天，我將結合過去 10 年的商業實戰經驗和 20 年的經商歷程，為大家隆重推出如何快速提升業績，降低企業成本的祕訣。你的掌聲越熱烈，我的分享就越精彩。」

至此，整個開場四個步驟就完美收官了，一個好的開場一定要巧妙地貼好標籤，然後熟練運用拋圈勾魂法，把客戶的吸引力全部吸引過來，再推出自己，把自己的價值塑造出來，最終推出主題。每個步驟一環扣一環，練好一個開場，無論是在千萬人的演講臺上，還是一對一的銷售溝通中，都有莫大的好處。你隨時隨地都可以把人的心吸引到你的身上，開場開得好，成交只是時間問題。

當然，這一切才剛剛開始，接下來，我們要學習更重要的中場環節。中場是整個銷講的靈魂，在這裡我們需要心靈的溝通，需要能量的引領，需要信心的傳遞，不斷地塑造我們產品的價值，最終把客戶引領到你想要他去的任何地方。

◆中場成交：攻心

中場是整個銷講最攻心的地方，你必須要人們相信你說的話，相信你的人，相信你的故事，相信你的產品，做銷售的人都知道，所有的銷售都是一場信任的遊戲。只要有信任，梳子都可以賣給和尚，如果不信任，再好的產品，再低的價格，哪怕不要錢，別人都不敢要。那麼，我們應該怎樣在中場怎樣贏得客戶信任呢？

如果說開場是一個「收心」的過程，那麼一個完美的中場，就是「攻心」的開始。透過動力窗、自己的故事、客戶見證等 8 個步驟，讓客戶的「心」心甘情願地跟著你走，徹底擊破客戶的抗拒心，什麼沒時間、沒錢、暫時不要，這些藉口在中場環節都會通通化為烏有。是不是很期待呢？讓我們開始吧！

第一步：開啟動力窗

第二步：講自己的親身經歷

第三步：找出和競爭對手的區別

第四步：找到產品唯一性

第五步：做客戶見證

第六步：統一思想

第七步：鎖定信念

圖 8-4 中場成交的步驟

一、中場成交第一步：開啟動力窗

說到動力窗，我不得不先講一個故事：

有一個賣房子的銷售人員，這房子是一處海景房，價格非常適中。在房子的客廳有兩扇窗戶，一扇窗戶朝向大海推開窗戶，清新的海風吹來，眼前就是一望無際的大海和金色的沙灘，藍藍的天空讓人非常愜意。但另一扇窗對面是一個垃圾處理場，一開啟窗戶就是一陣惡臭，隨之而來的是滿目瘡痍的垃圾。請問如果你想把這個房子賣出去，你會推哪扇窗戶呢？如果你不想賣這個房子，你又會推哪扇窗戶呢？

故事中的兩扇窗戶裡有不同的風景，開啟不同的窗戶會導致不同的結果。這就是動力窗，每一件事物都有它的好處和壞處，優點和缺點，我們要的就是開啟那扇對我們有利的窗戶。要利用好動力窗，就要了解人性的本質：追求快樂，逃離痛苦

每個人都有喜歡的東西，也有不喜歡的東西，每個人都喜歡那些帶給他們喜悅、快樂、成功、幸福、健康和溫馨的東西，不喜歡骯髒、恐怖、傷害、惡毒、疾病和損失的東西。我們的產品能為別人帶來什麼呢？

每件事情都有好處和壞處，開啟動力窗就是要求銷講高手不斷地把每一個產品的好處和優點放大，不斷塑造，把人性追求快樂的一面淋漓盡致地表達出來，同時要把不購買這個產品帶來的壞處也放大出來。不購買帶來的痛苦是什麼？帶來的損失是什麼？帶來的傷害是什麼？將這些不斷放大，讓客戶不斷地追求購買帶來的美好畫面，而逃離不購買帶來的痛苦畫面。

二、中場成交第二步：講自己的親身經歷

每個人都有一個屬於自己的傳奇，都有一個自己親身經歷的故事，故事的內容可以是真實、感人、勵志、離奇、震撼、傳奇、幽默、成功、創業、感恩或充滿大愛的故事。同時人們更喜歡聽有格局、有信心、有決心、有目標、有夢想、有責任、有價值、有能力、有智慧的故事。

在故事中把自己變成上述這樣的人，因為人們喜歡把錢投給這樣的人，這樣的人是值得信賴的，這樣的人是可靠的。透過故事，我們可以在人們心中塑造出他們內心中想要的那個形象。我們在自己的故事時，應該注意以下三個關鍵點：

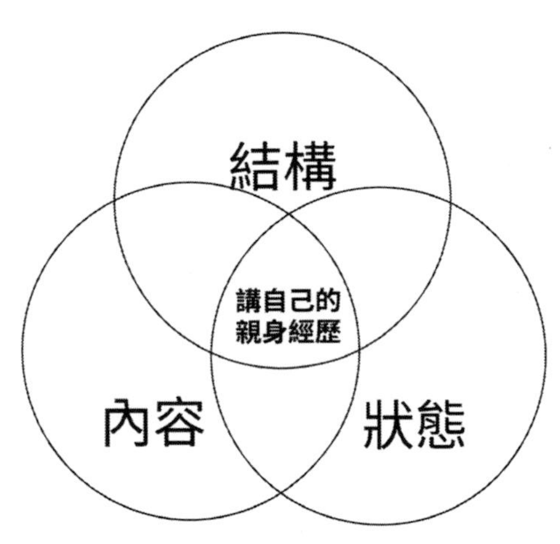

圖 8-5 講自己親身經歷的三個關鍵點

①結構

每個故事都有特有的結構，應該先說什麼後說什麼，什麼時候放什麼樣的音樂，什麼時候應該停頓接受掌聲，什麼時候應該充滿激情地一口氣說完一整段話。

②內容

結構架好往裡面填充內容就很簡單了，只需要注意說話的方式，同樣的一句話，換個詞就可以將意思遞進好幾層。

③狀態

臺上的狀態是成功的關鍵，即使有完整的結構，很好的內容，但是因為緊張把話說得結結巴巴，或者沒有一點激情如同背課文，那所有的效果都是零。如果用這樣的狀態去銷講，不到十分鐘，臺下的聽眾一定都進入玩手機、打瞌睡的狀態。

三、中場成交第三步：找出和競爭對手的區別

如果你認為學會了動力窗和講故事就能成交，那就大錯特錯了，當然對銷售高手來說，熟練使用前面兩步確實已經相當了得。但我們想要的是把真正的本領都學到，後面的所有步驟缺一不可，同時這些步驟又可以在未來穿插到故事中，成為一個屬於自己的銷講成交術。

現在，故事講完以後，你的產品在故事中已經露面了，此時你需要凸出你的產品的重要性，同時又不能貶低競爭對手，你就需要用對比法，讓客戶自已選，提前把產品的優劣說在前面。

往往客戶在購買決策之前，已看過了很多同類產品，自己心裡其實已經有底了，當你願意主動說出與競爭對手的區別，會讓客戶更偏向於你一邊，拉近與客戶之間的距離。表達自己和競爭對手的區別時，要注意兩點：

①不要貶低競爭對手

如果你去貶低對手，只會給你帶來三個不利：

第一、有可能客戶或者客戶的朋友目前正使用競爭對手的產品，或者客戶認為對手的產品不錯，此時貶低競爭對手就等於說客戶沒眼光，會引起客戶的反感。

第二、對手的市場份額或銷售不錯時，不切實際地貶低只會讓顧客覺得你不可信賴。

第三、一味貶低競爭對手，會讓客戶認為你心虛，或產品品質有問題，進而在客戶的心裡打一個不良的印記。

②找出自己產品與競爭對手的區別

那麼如何在不貶低對手的同時，找到自己產品與競爭對手的區別呢？這裡有三個步驟：

首先，可以透過腦力激盪先列出自己產品的 30 個特點或賣點。

然後，從這 30 個賣點裡找出與競爭對手的產品賣點重疊的部分。

最後，鎖定剩下的賣點，並找出哪些是目標客戶最需要的。

這樣透過上述 3 個步驟，你就能篩選出自己的產品與競爭對手最大的區別了。往往篩選下來後的賣點會有一兩個，此時你再進行描述就就會非常恰當。

當然有時候，我們自己的產品與競爭對手的產品過於相似，那怎麼辦呢？此時，可以拿自己產品的三大強項與競爭對手產品的三大弱項做客觀的比較，同時要有數據來做證明最好。

俗話說，貨比三家，任何一種產品都有自身的優缺點，在做產品介紹時，你要舉出自己產品的三大強項與對方的三大弱項去比較，這樣，即使是同等級的產品，被你客觀地進行一比，高低就立即出現了。

四、中場成交第四步：找到產品唯一性

產品唯一性，就是產品的獨特賣點，是只有你有，別人沒有的特點或特性，是讓別人不可抗拒的賣點。如果你找不到自己的唯一性，你就要去找到你產品的獨特附加價值，告

訴客戶為什麼一定要選擇我，不選擇別人。

這一步是和前面與競爭對手的區別連線在一起的，獨特賣點是只有我們有，而競爭對方不具備的獨特優勢。正如每個人都有獨特的個性一樣，任何一種產品也會有自己的獨特賣點，在介紹產品時凸出並強調這些獨特賣點的重要性，能銷售成功增加不少勝算。

我用一個案例來講述產品的 USP（獨特銷售賣點）是如何設計出來的：

我有一個客戶老張，他是賣大閘蟹的。有一次，老張找到我，希望我能幫他策劃賣螃蟹。說實話，這個業務很難做，因為大閘蟹產品的同質化現象很嚴重。老張說他的正宗大閘蟹，青背、白肚、金爪、黃毛，難道別人家的蟹就不是這樣的嗎？要消費者去辨識真假並不是一件容易的事？螃蟹究竟怎麼賣呢？思來想去，我們始終無法在產品上找到唯一性。最後只能另闢蹊徑 —— 設計產品的附加值。

我想到螃蟹的「蟹」與感謝的「謝」同音，於是決定打「感情牌」。每個人都有要感謝的師長、好友、兄弟姐妹，螃蟹可以作為人們表達謝意和問候的橋梁。如果，再在螃蟹禮盒內附上一封感謝信，這份禮物就顯得十分獨特了。

於是，在我的幫助下，老張推出了「蟹兄蟹弟」這個品牌。過了一段時間，老張告訴我，他的螃蟹賣得很不錯，感謝信的點子也收到了顧客的好評。每個客人買蟹時，都可以選擇自己要送的人和感謝信模板，並修改好信件內容，下單付款後，系統會幫助客人生成只屬於他自己的大閘蟹禮盒。

這樣一份禮物，不僅是螃蟹，也是一份感動和和謝意。這種附加值，就是唯一的，是無法抄襲的，客戶買的再也不是螃蟹，而是一種感情。

這就是產品的唯一性，任何產品都有它的唯一性，沒有就放上附加值，這一定會讓你的產品變得與眾不同，獨一無二，讓客戶一下子就記住你。在銷講中，把你的唯一性展示出來，成交還不是易如反掌？

客戶不會在原地等你，如果有一天你滿足不了客戶需求的時候，客戶隨時隨地都會離開。世界這麼大，誰能夠持續不斷地提供給客戶價值，這個客戶的黏度就強了所以要想辦法讓你的產品有唯一性。在銷講中要想產品賣得好，只有去增加附值。客戶永遠不是買產品而是買附加值，附加值會讓銷量倍增，會讓成交主張變得更簡單。所以銷講中一定要賣情懷，一定要賣附加值，一定要賣出人意料的東西。

五、中場成交第五步：做客戶見證

客戶見證是絕大部分培訓公司常用的一種成交方法，運用大量的客戶見證來證明產品的價值是可信的。客戶見證就是為了在客戶心中產生具體形象，沒有具體形象就沒有說服力。

一個有效的客戶見證要包含客戶照片、影片，同時要確定客戶的身分、所屬公司、業務範圍、客戶語錄，在銷講中，盡量去找一些大客戶、董事長總經理或者名人來做見證，讓他們為產品背書。

一個客戶的見證，往往勝過千言萬語，產品有了客戶見證，說明已經有人願意為它付出金錢，而且這些付出也相當值得，得到了應有的回報。這就降低了客戶心中對風險的恐懼。客戶更可能相信已經成交的客戶說了什麼，所以，在一對多的產品銷講中，產品只是個媒介，舞臺只是個道具，真正具有推動力的價值是客戶的見證。

那麼怎樣讓客戶見證的威力發揮到最大？到底該如何做見證？下面給大家介紹 6 個見證方法：

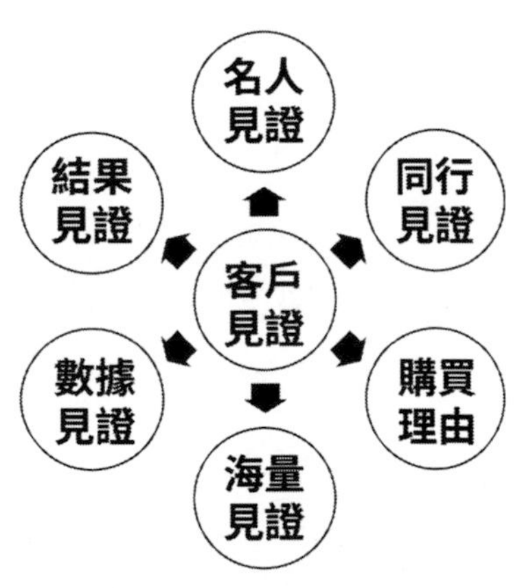

圖 8-6 客戶見證的六種方法

①名人見證

不管說什麼，重要的是誰說。如果你產品好，讓名人說出來，效果立竿見影，而且會比你自誇好上百倍。一個好的名人見證頂一萬個客戶見證多運。

就是能影響到你客戶購買的那個人，所以你不需要尋找到什麼「世界第一」，你只要找到影響力的中心，即對你的潛在客戶、目標客戶影響力最大的人就夠了。比如你的產品的主要市場是幼稚園，那麼你的影響力的中心就應該是這個地區比較知名的幼稚園園長或者受歡迎的幼兒教師。

②數據見證

你的優勢在哪裡？怎樣展現？數據上的證明就是一個很好的證據，所以，我們一定要把自己的優勢量化成數字，透過展示數據，產品的吸引力在哪裡，產品的價值展現在哪裡等都要清楚明瞭。

有了數據，就會很有說服力。儘管我自己也獲得過很多榮譽和擔任過很多社會職務，但那些都是虛的；只有這些數字才是實實在在的東西。這就是數字的魅力，數字是一個量化的結果，可以給客戶一個直觀的認知。

③詢問客戶購買理由來見證產品

這個見證就是透過「問」來達到提高賺錢、成交、行銷的效果。你該去問誰？

去問那些對產品的行銷有影響力的人，包括用過你產品的老客戶、大客戶，詢問他們：當初為什麼選擇我的產品？找到他們購買的理由和原因，然後把這個理由呈現給你其他的潛在客戶時，他們往往都會擁有相同的價值觀，所以就會很容易成為你的目標客戶，而目標客戶可以再成為成交客戶。

④結果見證

人們更傾向於相信自己眼睛看到的，所以，你要讓客戶看到結果，也就是你的產品帶給他什麼改變。

有一次，我的一個客戶找到我，高興得不得了，拉著我去服裝店，送了我一套他們店裡最好的衣服。然後他告訴我：就是因為使用了我的祕訣，他從原來每個月 500 萬的營業額飄升到 1,300 萬，怎能不欣喜若狂？這就是一個很好的見證結果。

⑤同行見證

很多時候客戶都在同行、競爭對手那裡，所以不要到處去找客戶，要到同行那裡挑客戶。這個時候，你需要一個人的見證去建立客戶對你的信任，這個人就是你的同行。找到同一領域中做得時間久、經驗多、品牌好、影響力大的同行來幫你做見證，那麼他的粉絲也會變成你的客戶。而且，這個方法也節省了很多成本，你的客戶已經被你的同行訓練好了，完全不需要你培訓，你只要賣好產品就行了。

⑥海量見證

當你的名人見證不夠多的時候，那就求「量」。當你的產品有 100 個人說好的時候已經有了吸引力，那麼就爭取讓 100 個人、1,000 個人都說好。

在做見證的時候，你可以將圖片、文字、影片結合，圖片能引起客戶注意，文字和影片則能觸動他們內心的情感，促成他們成交。產品好，不要自己說，要讓你的老客戶說出來。現在就精心準備好你的客戶見證吧，以備你在銷講或者溝通中隨時使用。

六、中場成交第六步：統一思想

上面鋪陳了那麼多，終於需要做一次成交動作，以此來判斷哪些人是已經動的，哪些人是還在考慮的，哪些人是有牴觸心的。

所以，最好的辦法就是在中場第六步問客戶：「你們要不要改變？要不要改變？一定要改變嗎？一定要嗎？」並讓客戶吶喊：「一定要改變！一定要改變！一定要改變！」

把狀態喊出來，讓整個場域渴望成交，將渴望改變的狀態喊出來。這也是我在上千場成交中思索出來的絕密武器，往往很多人還在猶豫，還在做頭腦思考時，從眾的力量就把他們帶出來了。喊出口號，喊出一定要改變，把自己喊進故事中，把自己壓抑的情緒爆發出來，

銷講大師都是在這個環節統一口號、統一動作、統一思想的。這步非常重要，很多新的講師或者銷售總監，沒有經過專業輔導總以為自己上臺講產品講得特別好，以為自己的故事讓使用者心動了，以為可交了，結果沒有做這個「一定要改變」的步驟，成交就比預期差了很多。

情緒一旦釋放，心結就會開啟，當全場都在把改變的情緒爆發出來的時候，能量是最強大的，此時也是一個人心理防備最脆弱的時候。此時成交的效果會比不做這個動作至少好 5 倍。

七、中場成交第七步：鎖定信念

喊完以後，我們需要問：「改變有什麼好處？」，「不改變有什麼壞處？」。牢牢地把改變的信念種進去，這叫「鎖定信念」。一旦信念上鎖，客戶就算這次不成交，下次也一定會買，因為他已經認定這是他想要的產品，這是可以改變

他命運的產品。

此時，在時間充裕的情況下，你可以講兩個小故事：講一個朋友改變後成功了的故事和一個朋友不改變失敗了的故事。這裡的故事可以根據現場情況做調整。

總之，利用第動力窗把人性的弱點繼續放大，並牢牢鎖定信念，中場的銷講流程到這一步就算基本走完了，接下來進入後場成交環節。

◆後場成交：收錢

其實，後場才是真正意義上的成交環節，在這裡我們要做的就是 —— 收錢。一個只會演說，不懂收錢的銷講者是不合格的。所以，我們要學習後場成交的收錢技巧。

後場成交的步驟總共有 6 步，分別是：再次開啟動力窗、再次確定需求、稽核門檻、無價塑造、假設成交、上臺收錢。成交最重要的是方法，一旦掌握了成交的方法，那麼在任何時候你都可以輕鬆成交，你一定會成為全世界最能成交的人。而成交方法不是光靠看書就能看明白的，需要你在現場慢慢體驗。

第一步：開啟動力窗

第二步：再次確定需求

第三步：稽核門檻

第四步：無價塑造

第五步：假設成交

第六步：上台收錢

圖 8-7 後場成交的步驟

一、成交第一步：再次開啟動力窗

做好了前面的開場和中場，成交並不是難題，關鍵是成交多少的問題。因為在中場環節，我們已經把場域拉到一定的高度，此時，客戶買單不僅僅是為了你的產品，而是因為你的信念，你的價值觀，你的使命而買單。此次再一次開啟動力窗，我們要提升的是境界。

在這裡，我用一個紫羅蘭公主的故事，讓大家明白再次開啟動力窗的作用：

鼎鼎大名的艾瑞克森（E.H.Erikson）是個非常厲害的催眠大師，有一次，艾瑞克森到美國中南部的一個小城講學，一位同僚要求他順道看看他獨身的姑母。他說：「我的姑母獨自居住在一間古老大屋，無親無故，她患有嚴重的憂鬱症，人又很倔強，不肯改變生活方式，你看有沒有辦法令她改變。」

艾瑞克森同意了，他們一起去到這位同僚的姑母家去探訪，發現這位女士比形容中更為孤單，一個人關在暗沉沉的百年老屋內，周圍找不到一絲生氣。

艾瑞克森是位溫文爾雅的男子，他非常禮貌地對同僚的姑母說：「你能讓我參觀一下你的房子嗎」於是姑母帶著艾瑞克森一間又一間房間去看。艾瑞克森真的想參觀老屋嗎？那倒不是，他是找一樣東西！在這老婆婆毫無生氣的環境裡，他想找尋一樣有生命氣息的東西。終於在一間房間的窗臺上，他找到了幾盆小小的非洲紫羅蘭 —— 屋內唯一有活力的幾盆植物。

姑母說：「我平時沒有事做，就是喜歡打理這幾盆小東西，這一盆還開始開花了。」

文瑞克森說：「太棒了！妳的花這般美麗，一定會帶給很多人快樂。妳能否打聽一下，城內什麼人家有喜慶的事，結婚、生子或生日什麼的，送一盆花去給他們，他們一定會高興得不得了。」

姑母真的依艾瑞克森所言，大量種植非洲紫羅蘭，城內幾乎每個人都曾經受惠。不用說，姑母的生活大有改變，本來不透光的老屋，變得陽光普照，充滿彩度鮮明的小紫花。一度孤獨無依的姑母，變成了市中最受歡迎的人。

在她逝世時，當地報章頭條報導：「全市痛失我們的非洲紫羅蘭皇后」。幾乎所有人都去送葬，以報答姑母生前的慷慨。

從這個故事中，大家明白了什麼？姑母的動力在哪裡呢？我想，給姑母無窮動力的是一種信念，這種信念可以影響一個人，用動力窗巧妙地種下一個信念，這實在太重要了！

二、後場成交第二步：再次確定需求

再次確定需求，就是為了把需求牢牢地鎖定，加強使用者購買的決心。幫助每個準備掏錢的客戶，說服自己，這次購買是值得的，是完全能夠解決自己需求的，是絕對不會讓自己後悔的。讓大家渴望得到你的方法，你的產品，你的系統，讓大家堅信這一定能幫助到自己。

說白了，這是幫助客戶向別人證明自己購買的決策是正確的，這些拋圈勾魂語言有助於客戶自己說服他的親戚朋友。這一步能有效地幫助客戶事後不後悔。

三、後場成交第三步：稽核門檻

當客戶決定購買時，有經驗的講師慣用的方法就是稽核門檻。比如，你可以這樣說：

「想購買我的產品，必須符合三個條件：

1. 你相信自己使用以後一定可以改變自己。
2. 你使用過後一定要盡可能多地幫助身邊的人。
3. 你必須符合一定的身分。」

上述條件可以自己設定，物以稀為貴，你不把自己抬高，成交後，客戶會有失落感。但如果你設定了稽核門檻，那客戶會認為，這是他自己努力爭取到的，是因為自己條件符合才有資格購買到的。此時客戶的心理就是占便宜的心理，還會因此沾沾自喜。

而且，門檻條件絕對不要超過 3 個，因為人的記憶最佳點就是 3 個，同時，條件既要有一定高度，又不能太苛刻，要根據現場客戶的實際情況制定門檻，要保證他們都符合條件。

四、後場成交第四步：無價塑造

這一步進入報價環節，報價是個很有技巧的活。關於報價，我要告訴大家一個重要原則 —— 價值不到，價格不報。為什麼這麼說呢？因為，我們要把產品塑造到無價！

想像一下，當你擁有這個產品以後，你會看到什麼？你會聽到什麼？你會感受到什麼？這種感覺好不好？這種感覺要不要？你覺得這種感覺值多少錢？

記住，無價塑造的核心關鍵就是詢問客戶的感受，人們願意為感覺買單。要不斷地問客戶看到，聽到，感覺到什麼，不斷讓客戶把他內心想要的美好畫面表達出來，此時的產品價值才是讓客戶感覺超值的、無價的。

你不能說：「我的美容產品對皮膚很好。」也不能說：「我的培訓課程對你孩子課業有極大幫助。」而是要具體地表達出你的產品能夠帶給客戶的價值。比如，「我的英語培訓能夠在一個月內輕鬆幫助你將成績提升 10 分。」或者「我的辦公軟體能夠幫助你節省 45%的辦公成本。」因為，價值塑造必須能夠讓客戶清楚地感知價值。

價值塑造要注意三點，分別是：細化、對比、數據化：

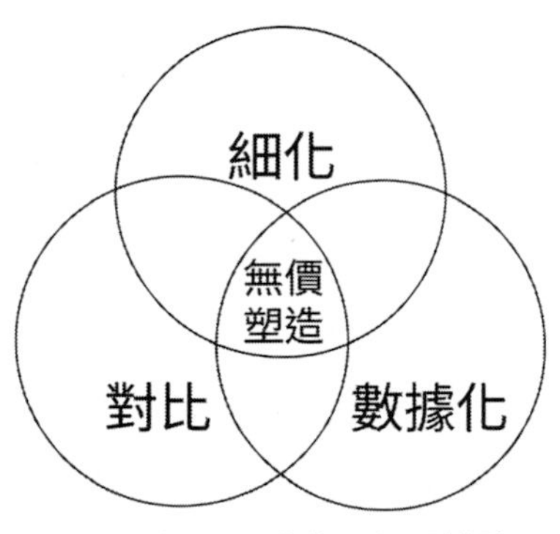

圖 8-8 無價塑造的三個關鍵點

①把產品的價值細化

細化就是把你的產品或服務進行分解，讓客戶完整地知道你描述了哪些事情，你的產品由哪些組成。有時你提供的產品與服務，客戶只是看到了結果，並不清楚這其中的價值。

舉個簡單的例子，我們可以看到許多廣告語會把一些過程細化展示給客戶，讓客戶感受到不同的價值。例如：「108道工序、30次熨燙、2,300針縫製、100%用心檢驗，造就1條XX牌男褲」，這條廣告讓品牌在當年聲名大噪。

細化能讓客戶明明白白地感受到你的付出與努力，更可以讓客戶看到你的用心與態度。

②形成對比

你會如何形容一個人的身高，比如你說一個人很高，很高只是一個概念，那麼到底有多高呢？你說他比姚明還高，這種方法就是對比法。姚明是大家公認的身高很高的人，你選擇姚明做參照物，就很輕鬆展現了這個人很高。

在價值塑造過程中你可以找出相應的參照物，透過對比的方式，展現產品價值。客戶是很難對一個產品的價值做出判斷的，他們只能依靠對比去做出選擇。

例如客戶難以完全搞清楚一個手機的研發成本、製造成本、管道成本、行銷成本，因此他們難以對一個手機的真實價值做出判斷。

那麼人們願意花費 5,000 元去購買一部手機，依靠的是什麼？是對比！是各個品牌手機之間的 CP 值、使用習慣、品牌好感度之間的對比。

在整個銷講中，要隨時隨地地去製造對比，只有這樣，才能呈現產品價值的相對優勢，給予臺下聽眾購買的理由。為什麼說是相對優勢呢？因為客戶能夠感知的只有相對優勢，而不是絕對價值。因為沒有了對比，客戶就失去了購買的依據，產品也就失去了價值的依據。

對比的方法有很多種，可以從功能的獨特性、價格等層面去找到，有些則是需要去創造不同、人為的製造對比。你可以試著用下面幾種方法來進行對比：

（1）與過去的解決方案進行對比。

與過去的解決方案做對比，是最容易讓客戶有認知、有感覺、有啟發、有反應的方式。比如過去用肥皂，現在用洗手液，過去用清水，現在用護理液。如果你的產品有創新，那麼你可以把新產品與舊產品對比，從而突顯新產品的價值。

（2）與競爭對手的直接對比。

如果你的產品或服務與競爭對手相比有優勢，你可以直指競爭對手的軟肋，放大自己的優勢，讓客戶充分感受到你提供的價值比競爭對手更多、更好，從而贏得屬於自己的消費群。這裡不是讓你去詆毀競爭對手，而是用己之長攻彼之短，就像田忌賽馬一樣，用己方的上等馬與對方的下等馬來比較，當然就會突顯自己的優勢。

（3）用不購買的結果進行對比。

你可以告訴客戶，當他購買產品時可以獲得什麼，如果他不購買將失去什麼，或者客戶必須繼續忍受哪些痛苦與損失。這也是我們上面反覆強調的動力窗，你需要一針見血地指出客戶的痛點，如果客戶不採取行動，他就必須繼續忍受。你應該做的就是指出痛點，分析痛點，甚至放大痛點，並告訴客戶，如果不採取行動，將會有什麼樣的後果。

③數據化

這個世界上最容易讓人們理解的東西可能就是阿拉伯數字，因為數字能直觀地量度每一個價值。在塑造價值的過程中，你必須使用數字把結果明瞭地展示給客戶。

我們可以把下面兩句話進行一個對比：

A：我的軟體能幫助你提高辦公效率。

B：我的軟體能幫助你提高40%的辦公效率，幫你每年減少35%的成本！

我們能很明顯地感受到A和B兩句話的區別，B句中的數據，能直觀地讓客戶感受到產品或服務的價值。

如果產品沒有被塑造價值，客戶就會再三考慮，甚至流失。所以，如果你沒有把產品塑造到無價，當客戶來問你產品價格的時候，打死也不能報價格。要記住：價值不到，價格不報。

五、後場成交第五步：假設成交

假設成交法，必須建立在第三次動力窗牢牢鎖定信念，價值被無限放大，使用者門檻已經稽核完畢，準客戶已經要掏錢的時候才可以使用。下面，我為大家還原一段假設成交的情景：

講師：「假設你只要投資 100 萬，就可以讓你學會這個方法，就可以讓你擁有這個產品，就可以讓你公司的銷售業績從 1,000 萬漲到 5,000 萬，你覺得值還是不值？」

聽眾：「值！」

講師：「有沒有可能增強你的個人能力？」

聽眾：「有！」

講師：「有沒有可能幫你賺到更多的錢？」

聽眾：「有！」

講師：「有沒有可能讓你幫助家庭過得更加幸福美滿？」

聽眾：「有！」

講師：「假設不需要 100 萬，只要 50 萬就可以讓你公司的員工自動自發，拚命地為你工作，就能讓你公司的銷售額輕鬆達到 5,000 萬，你覺得需不需要？」

聽眾：「需要！」

講師：「假設不需要 50 萬，甚至不需要 10 萬！我看看有多少人想要的？想要的舉手，把手舉高舉直！」

臺下觀眾紛紛舉起手來。

講師：「聽好了！聽好了！聽好了！聽好了！聽好了！你的掌聲越熱烈，我的價格會更優惠！」

講師：「聽好了！聽好了！聽好了！聽好了！聽好了！今天這個系統只要 19,800 元！」

這段話是不是感覺很熟悉？是不是在很多場合都聽過，是不是覺得好老套？一個不懂得銷講的老師，一個不會開場，沒有中場的老師，如果直接生搬硬套，用這種成交話術，絕對會貽笑大方，賠了夫人又折兵。

上面的情境中，講師用了遞減式報價，他為什麼要這麼做呢？因為任何人聽到的第一個報價，無論怎麼值，都會覺得偏貴，而這樣遞減式報價，會讓客戶感受到超值，會讓客戶覺得占到便宜。同時假設成交還可以讓你進一步看到，這次有多少人願意被成交。

六、後場成交第六步 —— 上臺收錢

終於來到銷講的最後一步了，這一步沒有什麼「花言巧語」，唯一有的就是成交的信念，你需要的就是感召每一個

人，你必須要有強烈的渡人之心，如果你的產品足夠好，一定要想辦法讓客戶買單成交。不要不好意思，因為唯有客戶使用到你的產品，才是真正幫助到了客戶。

凡是銷講高手，都是無比熱愛自己的產品，只有發自內心地熱愛自己的產品，才會去給人推薦產品，讓更多的人受益。

當氣氛烘托到一定時候，上臺收錢只是信手拈來的事。你可以藉助場域的力量一直站在臺上，不斷感召聽眾上臺，凡是上臺的都會站在你的身邊，從而給你進一步強化感召能量。大家站在臺上看著那些沒有上臺的人，此時沒有什麼話術，你只需要堅定地喊出三個字：「還有嗎？」，還有要上臺的人嗎？因為你堅信你所做的一切都是為了他們好，你所做的就是改變他們的命運，你相信你能幫到臺下每一個人，你相信自己是來成就對方的，帶著這種狀態不斷感召，你就會成為銷講之神。

此時你的狀態將影響整個場域的狀態，你必須百分百全身心地投入，這點很重要，要完全地信任，完全地交付給整個場域，你才能有百分百地有收穫。

個至此，開場、中場、後場成交的步驟全部講完了，當你可以熟練運用後，步驟先後順序是可以打亂的，也是可以精簡的。掌握這套方法，在任何時候收人、收錢、收心、攻心都是分分鐘的事，但是收多收少，一場招商會能成交多少人，這就要看功力了。為什麼我需要不厭其煩地要把每個步驟都講述一遍，甚至有些步驟表面上看是重複的，或者是相似的，實際上這就是一個火候的掌握。如果你還沒有達到爐火純青的成交境界，那就老老實實地使用成交 17 招，在任何場合，你一定會有收穫。

◆找到成交的方法，加強成交信念

信念是構築在心裡的力量，用好了，即使顧客不購買，也依然可以讓銷講者達到快速收錢的目的。想要成功，就必須堅定自己身為銷講人自身的信念，同時堅定顧客的信念。銷講本身就是一個給他人灌輸信念的過程。想灌輸信念給客戶，自身必須堅定絕對成交的信念，只有這樣，才能具有為他人傳遞信念的力量。

身為一名銷講大師，學習很多技巧確實很重要，不管是舞臺表現術、運用表達術還是演講設計術，但是這一切都是為了最終的目的 —— 成交。

沒有成交，我們的演講再精彩，也只是一場「表演」。哪怕再多的人追捧，也產生不了任何有效價值。要成為一個真正的銷講大師，我們的心理必須要有一個信念：不斷地成交。

一、讓成交變成一種習慣

我們跟客戶洽談業務是為了成交，在這個過程中不能忘了成交的時機，一旦這種時機出現必須緊緊抓住；當我們跟老闆提升職加薪的時候，也要時刻推動成交，我們必須要能明確意識到老闆說了什麼話，才算是成交達成；當我們在求職的時候，要明白怎樣才能應徵成功，這也是成交。所以，不管是做什麼事情，我們的意識裡都要記住——最終結果就是為了成交。

二、讓成交成為本能

萬物萬事皆有本能，當變色龍進入到不同的環境，會本能地變換皮膚的顏色；當有陌生人靠近或闖入時，狗會本能地防衛。這所有的一切，皆是出於本能的反應。

而人的本能表現就更多了，比如渴了要喝水、餓了要吃飯、冷了要添衣、困了要休息，這一切都是很自然的事情，本能就是不需要經過思考的反應。這些行為都自然而然地發生著，我們不會覺得有什麼不妥。

身為銷講人員，當成交成為我們生活中的一種本能時，我們對成交的時機的把握就會非常敏銳。當成交的時機一到，我們不需要思考和準備就能做出成交動作。如果達到了這種境界，想不成交都難。

三、讓成交成為我們的職業

我們每個人都有自己的職業角色，每種職業有自己的特點，職業就是我們的標籤和特點。

對於一個駕駛員來講，開車是他的職業，當車開動時，他會很自然地集中精神，然後專注於各種開車的技能中。這是多麼地理所當然，多麼地輕而易舉的舉動。一個廚師，在接到選單的那一刻，迅速轉身：備菜、切菜、炒菜，這也是理所當然，輕而易舉的舉動。

同樣的，身為銷講大師，成交就是我們的職業。對於成交，我們就應該集中精神，專注於對顧客灌輸成交理念，讓這件事變成自然而然，輕而易舉。因為成交就是工作，它跟其他工作沒有本質的區別。

成交之與銷講就像廚師之與做菜，是銷講師的基本職業技能，和生存的基本能力。從好奇到習慣，從習慣到本能，再到職業，我們要把成交融入到自己的每一個步伐，每一次呼吸中去。

四、植入成交的信念

同時，我們更應該在心底植入成交的信念，從早上睜開眼眶看到光明開始我們就要為自己植入成交信念，我們可以在心中默唸下面這些話：

我的工作就是幫助顧客解決他的問題！

我的使命就是幫助每一位顧客！

讓顧客購買就是我最大的責任！

顧客一定需要用我的產品來解決他的問題！

顧客購買對他一定有好處！

讓顧客購買才能對顧客有幫助！

讓顧客購買就是對顧客好！

銷售的目的就是幫助顧客得到他想要的！

我不全力以赴就是我的錯！

我相信成交一定對顧客有幫助！

我若今天不成交就是浪費顧客的時間！

我只有幫助顧客購買了才能讓顧客享受到我們一流的服務！

我得到服務報酬是因為我提供了優質的產品和一流的服務！

假如我不能成交，我就一定要，假如我一定要，我就一定能成交！

只有成交才能讓我和顧客成為贏家！

顧客口袋裡的錢都是我的，我的產品都是顧客的！

成交一切都是為了愛！

成交是所有銷售的開始！

收到顧客的錢等於是在幫顧客！

不成交不收錢等於是在害顧客！

我每天都有結果，每個顧客都有結果，我是全世界有史以來最有成交力的人！

我愛你，與你無關！

上面列舉的信念並非讀一遍就能植入腦海，因為植入一種信念並非一朝一夕的功夫就能成功的，它是一個漫長的過程，貴在堅持不懈。一名成功的銷講者，他會每天堅持在心底默唸信念的內容，最終為自己植入成交的信念。

如果遇到挫折和困難，對信念也產生動搖的時候，更應該在心中默唸信念，要相信自己一定能成功。當成交的信念不斷強化，成交的力量必然會不斷增強。最終的成交成果，和自身成交信念的強弱是成正比的。

讓我們從現在出發，從為自身植入信念開始，抓住眼前的每一時刻，努力為自己植入必然成交的信念，強化它，在提升自身的同時增加點滴收穫。

Part9

銷講趨勢，
影響力時代的銷售利器

銷講是建立個人品牌，發揮個人影響力的最佳途徑，銷講可以影響他人，也可以改變自己。企業的發展壯大，要招商引資，所以企業家要學習銷講。產品要推廣，銷售額要提升，所以業務員要學習銷講。每個人都需要成長，都要把自己推銷出去，所以，人人都要學習銷講。人人銷講的時代已經到來了，你準備好了嗎？

◆用銷講改變自己，影響他人

我們每個人都夢想成為影響別人的人，但這種願望往往並不容易實現。那麼有什麼好辦法可以提升自己的影響力呢？毫無疑問，就是銷講！

生活在社會現實中，人與人之間難免為產生影響，你影響別人的同時，別人也在影響你。要想讓自己的影響力更強大，首先自已得先強大起來。當然，也可以利用別人的影響力來強大自己，那麼我們自身希望什麼樣人來影響自己呢？毫無疑問，一定是高瞻遠矚、積極樂觀和富有學識的人，我們被這樣的人影響，自身價值也會得到一定的提升。他們透過自己的演講，不僅可以影響到我們，甚至可以影響到歷史程序。我們可以發現，古今中外只要有影響力的人，都是傑出的演講大師。比如蘇格拉底「臨終辯詞」，邱吉爾（Winston Churchill）對德宣戰演說等。

二戰時期，英國遇到了前所未有的困難局面，面對困境中的英國人，邱吉爾在國家危難時刻發表了一篇偉大的演講，整篇演講不僅鼓舞了士氣，穩定了軍心、民心，還讓英國民眾在危難面前團結一致、眾志成城的決心。這篇演講影響力非常大，我們來重溫其中最鼓舞人心的一段話：

「雖然歐洲的大部分土地和許多著名的古國已經或可能陷入了蓋世太保（Gestapo）以及所有可憎的納粹統治機構的魔爪，但我們絕不氣餒、絕不言敗。我們將戰鬥到底。我們將在法國作戰，我們將在海洋中作戰，我們將以越來越大的信心和越來越強的力量在空中作戰，我們將不惜一切代價保衛本土，我們將在海灘作戰，我們將在敵人的登陸點作戰，我們將在田野和街頭作戰，我們將在山區作戰。我們絕不投降。」

這篇演講雖然不長，但是氣勢如虹、朗朗上口，對當時的廣大英國民眾產生了很大的影響力。即使今天讓我再次讀起它，仍然感到無比震撼。這篇演講的偉大之處就在於讓聽到的每個英國人內心都熱血沸騰、精神振奮，甚至影響到他們的靈魂深處，讓他們的內心都充滿了信念和堅定的信仰，從而喚起了每個人戰鬥到底的決心。由此可見，邱吉爾的這篇演講對當時的英國人產生了不可估量的影響力。

一、抓住銷講的影響力

各個領域裡，無論是偉大的領導人還是傑出的企業家，他們是技能高超的銷講大師，不僅靠演說影響了大批聽眾，還提升了自身價值。

當一個人具備了影響力後，就可以成為群體中的核心人物；當一個企業具備了影響力後，就可以成為行業中的佼佼者；當一個品牌具備了影響力後，它就成為人們心中追求的焦點。所以，銷講具備影響力非常重要。

銷講的影響力如此之大，對於很多普通人來說，他們覺得自己默默無聞，要想做出影響力的銷講實在是太難了，所以他們總認為這都是「大人物」該做的事。其實這種想法很幼稚，在我們的日常生活中，無時無刻不在進行著演說。比如主持活動需要演說：向上級彙報工作需要演說；宣傳品牌更要演說等等。因此，銷講無處不在，已經滲透在我們工作生活的方方面面。

銷講師最大的本領就是透過演說把產品賣出去，實現產品變現價值。產品品質不好，所以導致客戶不喜歡，那麼情有可原。可如果產品過關，你還是賣不出去，那你就不具備銷講師的本領，所以需要提升自己的演說能力將產品賣出去。

銷講是每個行銷人員必須具備的一項基本技能，如果你總是怕講或是不會講，那麼就難去影響到別人，更不會產生轉換率。對於行銷人員來說，要注意演講技巧，自信大膽的表現出來，要讓自己的演說具有感染力，能造成迅速影響別人的作用，這樣才能提升自己的銷講能力。

二、推銷的最高境界是銷講

有專業數據研究顯示，擅長公眾銷講能力的人，在事業上也是非常成功的。而現實情況也確實如此，擅長公共演說的人，能造成非常多的作用，比如推銷產品比別人更勝一籌；吸引到更多的人關注；募集資金時易被人信賴；能提升自身價值並獲得他人的認可等。

從推銷這個角度來說，傳統的推銷就是「一對一」的模式，這種推銷方式有效果，但是花費的時間和精力很多，客戶量提不上去。但是憑藉公共演說就不同了，這是典型的」一對多「的模式，一個人在一群人面前推銷，其結果肯定要比一對一的效率更高。因為面對一個人推銷成功了，客戶也只有一個；面對一群人推銷成功了，客戶就是一批，所以從客戶量的角度來看，公共演說的效果顯然要好很多。因此，推銷的最高境界就是具備高效的公共演說能力。

有很多知名的企業家，在剛開始創業的時候，就具備了公共演說的能力，這種能力也推動了企業的發展。

銷講其實就是利用公共演說進行推銷，這種推銷方式，就像是給產品進行了外包裝，讓聽眾受到演講的影響，從而去接受產品本身。公共演說的推銷方式非常高效，能在低成本的投入裡獲取高效的收益。

銷講力量的展現就是促成大量的現場成交，在短時間內獲得更多的成交率。對於行銷人員來說，具備銷講的能力很重要，不僅能讓我們在銷售的道路上一路暢行，還能達到推銷的最高境界。

三、銷講可以改變命運

其實人的一生，會因為很多事物來改變命運，而銷講也是其中的一種。雖然有很多人認為銷講跟自己關係並不大，對於公眾表達也是一副無所謂的態度，他們體會不到銷講帶來的好處，所以並不願意去提升自己的銷講能力。

可我想告訴大家的是，一個人的銷講能力真的太重要了。在這個競爭激烈的社會裡，會說話也是一種技能，有些人總是膽小、怕說，所以很容易錯過一些好機會。也許對於一般人來說，不會說話會有影響，但不足以影響到讓自己擔憂的地步，然而做為一名銷售人員，如果害怕在消費者面前羞於推銷產品，那麼就真的是掉了「飯碗」。所以，對於銷售人員來說，會說話是必須具備的基本能力。

所以，不管是推銷產品還是推銷自己，都要透過說話的方式，一個不會說或者說不好的人是不會被人認可的。做銷售也是一樣，會銷講的人能獲得更多的機會，不僅能夠提升業績、創造財富，還能實現自己的理想，改變自己的命運。

邱吉爾曾說過：「一個人可以面對多少人，就代表這個人的人生成就有多大！」無論是哪個領域的先鋒人物，他們都具備超高的銷講力。

行銷人員想要長久立足於行銷界，必須具備的一種基本技能就是會銷講，銷講能力的展現不僅能讓你提升商品轉換率，還能讓你成為越來越優秀的行銷員，甚至還會促使你有更大的人生發展。

公共演說的魅力就在於透過一對多的形式一次性說服很多聽眾，這種形式的傳播速度非常快，造成的影響力也很大。如果你的演講能力很優秀，那麼在工作上就會得心應手，別人花一個月才能完成的工作任務，你只需要一場精彩演講就可以輕鬆搞定。所以，提升自己的銷講能力太重要了。

◆銷講，企業家必備的利器

當今社會，會說話的人更適合在競爭激烈的行業中存活下去，如果你口才和人品兼具，那麼在社會上找到自己的立足之地會非常容易。特別是企業家，更要具備會銷講的才能，不會銷講的企業家很難讓企業得到快速發展，特別是自媒體時代，想要突破瓶頸就更難了。因為，企業家要成長，企業要發展，就離不開銷講的推動力。

銷講的能量不能僅讓企業家帶領企業快速蓬勃發展，而且自身也會成為企業的導師和精神領袖，當具備這樣的身分之後，企業家將企業的思想和文化源源不斷的傳遞出去，不僅提高了企業知名度，而且加強了企業員工的凝聚力。

為什麼現在鼓勵越來越多的創業者或者企業家不斷提升自己的銷講能力呢？究其原因就是，企業要發展就離不開融資、眾籌、招商、路演等各種需要，所以創業者和企業家需要運有高超的銷講功底吸引到合作商和投資人的青睞，並爭取到合作和投資的目地。可以毫不誇張的說，一場銷講的好壞直接關係到企業的發展和命運。

企業家們應該積極學習銷講，讓銷講和成為自己的助力，實現企業和個人的成功。我有不少學員都是企業家，他們透過我的課程，領略到了小將的魅力。

銷講系統帶給企業家和創始人們的不僅是事業上的成功與心理上的釋放，更多的是藉此機會站在演講臺上為自己的產品造勢與宣傳，並在此過程中獲得快樂與幸福。

這便是銷講所帶來的種種好處。為什麼我要強調銷講系統能為企業老闆帶來徹底的解放呢？因為銷講系統能真真切切地為企業家帶來福音，只要企業家掌握銷講系統，就可以達到以下幾個目的：

一、傳遞經營理念

對於每個企業家來說，自己的經營理念能夠得到員工的認可就是自我解放的最終根源，會銷講的老闆能高效的向員工傳遞企業的經營理念，並將經營理念貫徹到位，及時杜絕部分員工違犯經營理念的行為，將自己解放出來。

二、提升凝聚力和執行力

銷講還能提高團隊凝聚力和執行力，企業家在銷講的過程中，開啟自身說服系統，有效輸出企業規劃和夢想，從而獲得員工團隊的高度認可，當企業團隊目標一致時，團隊的高效凝聚力和執行力就自然而然地產生了。

三、獲得更多資源的支持

會銷講的企業家具有推銷自己和公司的高超能力，透過銷講他們能迅速獲得合作商及投資商的青睞，並及時讓他們對自己產生信任，從而願意把資金投放到自己公司。反之，不會銷講的企業家即使找到合適的投資人，別人因為無法從你的口中了解到企業價值，自然也就無法得到應有的資助。

總之，銷講是每個企業家的必備技能。透過學習銷講系統能行之有效地傳遞企業理念，從而讓自己和員工站在統一戰線上，為達到共同的目標堅持不解。除此之外，銷講不僅傳播了自身和企業價值，其影響力還受到了更多合作夥伴的支持和認可。

銷售前必學銷講

網際網路讓我們生活的這個世界成為一個整體，它不僅清除了地域之間的交流障礙，還讓虛擬的線上與真實的線下緊密連繫在一起。在這樣一個一體化的世界裡，我們的銷售市場不僅擴大，銷售行為也變得無處不在。

因此，無論是線上還是線下，無論是生活中還是工作中，凡是懂銷售的人都會透過不斷地與他人進行交流，來潛移默化地成為帶動他人的「領頭人」。

一、人人都在銷售

如今，創業變得簡單可行，只要有技術、有錢，人人都可以去創業開公司，這樣一來，創業就變得不再稀奇了。反而是那些懂得銷售的員工則變成了「香餑餑」，成為很多公司爭相哄搶的對象。銷售的成功帶動了產品的流通，不管是虛擬物品還是實物，不管是知識還是情感，通通都可以成為銷售的產品。

就像《銷售無處不在》這本書上寫到的：無論你從事什麼工作，其實都是在做銷售。所以每一個職場人都應該去學點銷售知識，即便你不需要去向客戶兜售公司的產品，你也總要向上司兜售自己的方案、向下屬兜售自己的計畫、向同事兜售自己的想法……

銷售早已滲透到人們工作與生活中的方方面面，它無處不在。可以說銷售不單單是屬於業務員的工作，也是屬於企業高階主管的工作，甚至有些企業高階主管比底下的員工更懂得銷售。

只有懂得銷售的高階主管才能掌握員工的心理，讓員工按照自己的想法做事，同樣的道理，只有懂得銷售的員工，才能打動企業的高階主管和自己的客戶，讓企業的高階主管和自己的客戶都願意為自己的勞動成果付帳。這就是銷售產生的魅力。

比如「鑽石」，就是一個改變世界觀念的經典銷售案例。

鑽石，它的學名叫「金剛石」，是一種深埋底下高溫高壓環境中自然生成的礦物質。其實，在本質上，鑽石就是一塊由碳元素構成的石頭，它最開始的價值只是西方婚禮上不可或缺的「道具」。但是鑽石卻被後期各個時代的銷售賦予了各式各樣的意義。

例如英國皇室的王冠與權杖上都鑲嵌著價值連城的鑽石，以此象徵權力。鑲嵌在婚戒上的鑽石，則象徵愛情永恆。

所以，凡是懂銷售的人，不管他身在何處，處於怎麼樣的地位，他都能夠憑藉自己的銷售才能打動周邊的人，使周邊的人心甘情願為他所銷售的產品買單。

二、銷售能改變世界

正是由於銷售無處不在，所以每個人都要學會銷售。哪怕有的人會說自己不從事銷售職位，所處的公司也沒有相關的銷售業務，也不能避免銷售對個人產生的影響。再說了，懂銷售的人，都會有一種化腐朽為神奇的力量，不但能從中收穫到自己的利益和企業的利益，甚至還有可能改變他人的觀念。

現如今，已經不會有人再去追究鑽石是不是真的有那麼多的神奇功效，因為鑽石象徵權力、永恆和愛情的涵義早已深入人心，形成這樣的一種「鑽石觀念」。

當然，鑽石自己肯定沒有辦法帶來這樣的觀念，能帶來這種觀念的都是歷朝歷代的鑽石業務員，他們賦予鑽石各式各樣浪漫色彩的故事，並且讓全世界的人都相信這些故事，其目的只是為了讓鑽石更好賣，能賣出更高的價格。所以說，懂銷售的人會產生強大的影響力，他們甚至能夠創造出新的觀念，進而改變這個世界。

三、銷售前必須先學會銷講

從銷售誕生到現在，凡是與銷售相關的事物，都是離不開人與人之間的交流和溝通。畢竟，銷售是因人發生且服務於人的一種行為活動。然而，就算一個人天天都進行各式各樣的銷售活動，也並不能夠說明他就是最佳業務員。

因為絕大多數人其實並不懂銷售的精髓，在他們的觀念裡，只要像別人兜售自己的產品就是銷售，當然，這種想法也並沒有錯，只是這種想法已經不入流了。

在如今的網路時代，傳播速度成為了決定銷售成敗的主要因素，而能夠在網路上迅速傳播的也就只有被稱為「經典」的話語，也就是說，銷講已經變成了比產品更有吸引力和更有信服力的銷售方式了。

我有一個學員，他從事財務管理工作二十多年，在 2011 年的時候，他與幾位有能力的朋友合夥創辦了企業管理諮商有限公司。在經營公司將近七年的時間裡，他為很多的企業提供財務管理諮商服務，在這個過程中，他發現有太多的企業主由於財務出現問題，而導致公司破產。儘管是這樣，他還是主動為說服企業主規範企業財務管理而費盡心力。

在參加了我的銷講課程之後，我的激情演講激起了他深藏在心中的渴望，他說：「我要透過公共演說的方式讓更多的公司和老闆知道財務管理的重要性。」於是，他在銷講的課堂上，精彩絕倫地講述了關於財務管理方面的內容，因此結識到了不少企業家學員，而且這些人都成為了他的忠實客戶。

在經過一段時間的學習之後，他把銷講充分應用到實際的業務推廣當中，從而得到了很多企業主的高度認可。他深刻地意識到銷講所產生的價值，於是他在日後的公司經營中，一直將銷講作為自己成功必備的「武器」。

人人銷講時代，也就營造了一個人人都可以進行銷講的環境。不管是企業家在演講臺上進行演說，還是普通業務員對客戶兜售產品，或者是透過直播平臺這個途徑向觀看直播的客戶做銷售，都是離不開銷講的。

業務員要知道採用銷講的方式盡情展示自己的魅力和產品的優勢，使客戶能夠在短時間內被你或你的產品吸引住，繼而產生購買的欲望。可惜的是並不是人人都能做到透過銷講來征服客戶，有些業務員在銷售過程中只會枯燥乏味地講解產品功能，產品技術和產品材質等等，這樣是無法調動客戶興趣的，甚至會使客戶產生厭煩的情緒。

所以說，業務員不管是在面對一個客戶銷售，還是在面對一群客戶銷售，都應該要充滿激情地去演講，這樣才能讓自己獲取真正的銷售上的成功。

◆培養銷講信念

如果你想成為一名出色的銷講者，那就要努力取得聽眾的支持與信任。因為銷講之路是漫長而孤寂的，你必須在這個過程中堅守自己信念，才能把信念傳遞給臺下每一位聽眾。

1982 年 12 月 4 日，力克胡哲（Nick Vujicic）出生於澳洲墨爾本市。一個新生命的降生本應是一個家庭巨大的好消息，可不幸的是，力克胡哲患有天生「海豹肢症」。他生下來就沒有雙腿和雙臂，只有左臀下部帶著兩根腳趾頭的「腳」。力克胡哲的母親看到他的樣子後驚聲痛哭，連抱他的勇氣都沒有，而他的父親看到他的樣子後竟反胃嘔吐，即使如此，這個家庭並沒有放棄這個天生帶有缺陷的孩子。在成長的過程中，力克胡哲的父母給了他很多關愛和自信，希望他可以和正常小朋友那樣生活，但到他上了小學，一切都變了……

雖然力克胡哲在充滿愛的家庭環境中長大，但父母總不能陪伴在他身邊，到了讀書的年紀，父母就將他送到當地的小學念書，年僅五六歲的力克胡哲這才見到了擁有正常身體的普通孩子，意識到自己與別人的不同，但那時的他並未覺得有什麼。可他的同學卻不這麼想，在學校裡珍貴的學習時光竟變成了同學欺負他的黑暗歲月，失去了雙腿和雙臂的力克胡哲無法抵抗同學們的欺辱，開始終日沉默寡言。

8 歲時，力克胡哲跟母親表達了想要輕生的念頭。10 歲時，力克胡哲將自己沉溺在浴缸企圖結束生命，但終以失敗告終。很多年後力克胡哲回憶：「我的父母和親人都很愛我，雖然我天生和別人不同，他們卻從未告訴我與別人的不同之處。」經歷自殺的力克萬念俱灰，但他的父母一直對他寄予厚望，他們希望他能重新振作起來，在父母的鼓勵下，力克開始自信起來，也交到了不少好朋友。

在 19 歲那年，力克正式踏上演說之路，他的第一次演說機會是靠自己主動爭取得來的。一開始，學校因為他的身體原因拒絕了他的演說請求，力克沒有放棄，在他第 52 次向學校發出請求時，終於有了 5 分鐘演講的機會。

那是力克第一次走上講臺，他萬分珍惜這得來不易的機會，僅用了 5 分鐘的演講時間就打動了臺下所有的觀眾，並獲得了 50 美元薪酬。自那時起，力克正是踏上了演說家的道路，每一場演講，他都會分享他的人生歷程，分享他在生活中遇到的種種艱辛，並傳遞給觀眾樂觀向上，勇於打拚的人生觀。

力克曾說：「認為自己不夠好，這是最大的謊言；認為自己沒有價值，這是最大的欺騙。成功不靠條件，只靠信念。」

力克不僅僅是靠口才征服了觀眾，更是用實際行動向觀眾展示了生命頑強的毅力，在他每一次演講過程中，都會自己倒下，再向觀眾示範一個失去四肢的人是如何重新站立起來的。站立的過程並不輕鬆，他要經過多次嘗試和努力才能勉強站起，期間有無數雙眼睛打量著他沒有四肢的軀體，他也絲毫不感到難過。有時觀眾主動提出幫助他，均被他拒絕了。他說，儘管過程艱難但他從不害怕失敗。力克就是靠自己的行動感染者臺下的觀眾，使觀眾被這股信念深深折服。

力克憑著在逆境中鍛鍊出的口才和過人的膽量，終成為了傑出的勵志演說家。所以，口才和膽量是每一個銷講者不可缺少的基本素養，只要真的丟下所謂的「面子」，真正的去享受這個過程，才能不怯場。要想成為一名優秀的銷講者，首先就要堅守自己的信念，不怕大聲講話，勇於借眼神和臉部表情表達自己的情感，試著使用肢體動作來證明自己，促使自己更流暢的與人交流，提升個人整體氣場，從而把自己的信念傳遞給更多的人。

如果，你還缺乏身為一名銷講者的信念，那麼，你可以試試以下兩種辦法，來幫助自己樹立堅定地銷講信念。

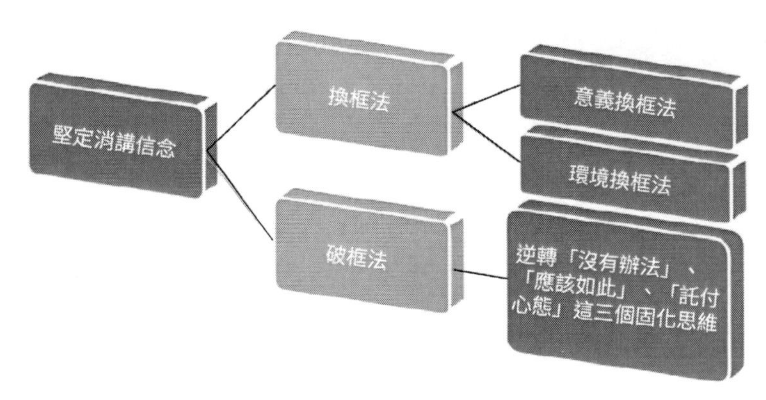

圖 9-3 堅定銷講信念的方法

一、換框法

換框法即以原有框架為基礎，把負能量變成正能量，促使自己的信念更加堅定的方法。換框法主要有兩種，即環境換框法和意義換框法。

①意義換框法

主要指「從負面經驗中找出正面意義」。李中瑩曾寫過這樣一段話：「世界上所有的事情本身是沒有意義的，所有的意義都是人加諸的，同一件事裡總有不止一個意義包含在其中。」根據這段話我們可以思考，當銷講者對某些事物開始產生動搖時，不妨換一種思維模式去理解它，找到自己的真正追求的意義所在，方才能讓我們不被外界的嘈雜聲所干擾，幫助我們重拾自信，提升自己。

②環境換框法

主要指面對同一件事物時，選擇更適合自己的環境，從而改變這件事物的價值，進而改變我們的信念。李中瑩曾說：「傳統思想中有很多表面上是絕對正確的說法（其實都是規條），把人們牢牢地束縛著，運用環境換框法，可以打破它們。」從銷講者的立場看，或許有的規條在我們的成長過程中發揮了作用，但同時卻讓我們丟失了對事物的應變能力，阻隔了我們本應廣闊的視野。所以，為了尋求更多發展機遇，銷講者要好好掌握環境換框法，才能不被死氣沉沉規條捆綁。

銷講者如果動搖自己的信念，那麼，他的情緒也會受到影響發生改變，同時，銷講者自身的影響力也會潛移默化，出現改變。好的信念能帶來正面情緒，使人開朗向上，這是獲得正能量不可缺少的因素，也是產生積極信念的重要因素。當銷講者向著積極向上的目標發展時，就一定會感染到周圍的人或事物，你的信念感也將會影響到所有的觀眾。

二、破框法

每一個人在面臨挫折和煩惱時都會有害怕的情緒出現，究竟是在恐懼什麼呢？其實，意志力脆弱的人是很怕面臨挫折和煩惱的。我建議，如果你的挫折和煩惱已經蓋過你的信念時，不妨運用一下「破框法」，逆轉「沒有辦法」、「應該如此」、「託付心態」這三個固化思維，從而使自己的信念得到進一步突破。

①沒有辦法

「山窮水盡，沒有辦法」是很多人迴避困難的藉口，也是在為自己脆弱的信念找理由。事實上，問題是要有人解決的，主意也是要有人定的。這個世界上沒有不能解決的問題，只是缺少答案罷了。先前提到的李中瑩老師曾經擔任歐美跨國集團和上市公司的高層職位，她遇到困難時說過一句話：凡事都有三個解決方法，我總有選擇。

②應該如此

世界上沒有上知天文下知地理的人，也沒有人可以預知未來，所以當我們面對已經發生了的事情，就不要怨天怨地，因為已經發生過的事都是「應該如此」，每一個人都要學會面對現實做好迎接它的準備。

③託付心態

託付心態就是過度依賴他人的表現，仔細想想，我們在成長的過程中依賴父母和老師，工作後工作上的問題又總是依賴於同事，但這樣過度的依賴容易讓我們對自己的的信念產生懷疑，甚至丟掉自己的信念。所以我們要學會自己掌握自己的人生，盡量使自己變得強大起來，才能堅守自己的信念。

身為一個銷講者，要勇於不斷去提升自己，而不是故步自封。只有勇敢的打破原有的框架，才能真正的突破自己，一步步踏實的走向成功。

◆提升銷講影響力的六大核心

銷講者通常要一個人面對幾十個，甚至上千個觀眾，在演講的過程中進行商品銷售。當然，在這個過程中你難免會遇到質疑的聲音，甚至會有人發出抗議。這個時候就需要你巧妙的運用說服技能去平撫人心了。那麼，怎麼去提高我們的說服技能，又如何能讓別人感應到我們的號召呢？只要你做好以下六點，你就能把演說技巧發揮的爐火純青。

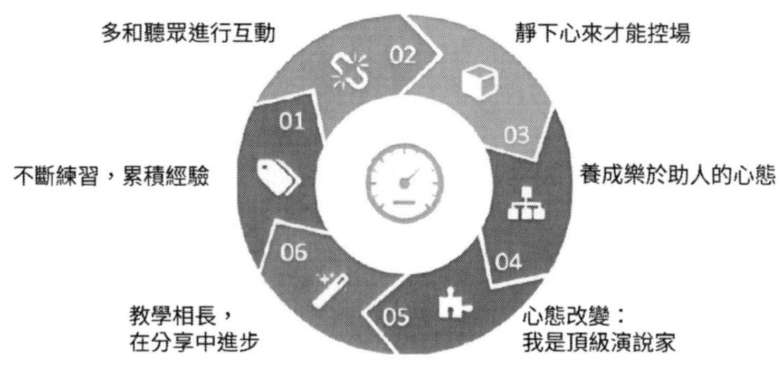

圖 9-4 提升銷講影響力的六大核心

一、多和聽眾進行互動

一個成功的演講是能和臺下觀眾產生互動的，只有臺上臺下的氣氛熱烈友好，這場演講才能算是圓滿的。冷場對於銷講者來講是難以啟齒的事情，如果觀眾在聽講的時候哈欠連天，無法做到專心致志，那你就要找一找讓他們集中注意力的方法。因為一個人的注意力最多只有十幾分鐘，如果你一味地在臺上乾講又毫無新意，就會讓觀眾產生懶散厭倦狀態。那麼，我們要如何抓住觀眾的注意力呢，教你一個辦法 —— 多和聽眾進行互動。在前面的章節中，我已經向大家介紹了許多互動方法，大家要多加運用。

銷講者在銷講的過程中是一定要學會和聽眾互動的。只有現場氣氛活躍，才能讓聽眾集中注意力投入你的演講中，想要吸引聽眾，就一定要重視互動環節。

二、教學相長，在分享中進步

其實，銷講者在教別人的過程中自己也會進步神速。銷講者就和老師一樣，孜孜不倦地向聽眾分享自己的經歷、學識和經驗。平凡的人學知識，有才華的人學習運用思維，領導學習思想，但思想必須和別人分享才有意義，才有提升。所以我們銷講者都要有這樣的心理：把每次的演講都當做是提升自己的平臺，才會有進步的空間。

我們的生命就像是期末考試，要經歷不同的考試、學習，才能收穫好成績。在我們的身邊，有很多人的優點是值得我們學習的，比如：業餘學習考證照、戶外運動、定期制定計畫、看書等等有益於自身的事。但最容易實現的是「體驗式學習」，即帶著實踐和分享的心態學習，想學會什麼，就去教別人什麼。

我認識一個團隊的學員，他在跟我學習時從來不說自己為什麼要學習，只是踏實地去學習每一個知識點，對於未來他其實是迷茫的。他跟我說，他花了很多寶貴的時間希望能得到別人的指點，從此改變自己的人生軌跡，但總是事與願違。可世間上的事就有這麼奇妙，在他創立第一個健身會所時，他參加了我的銷講課程，在學習了一天後，他非常激動地對我說：「我今天總算碰到貴人了，你講的課真的對我幫助非常大。」

而在後來的學習中他非常認真，進步神速。有一次我去外地參加演講，他隨我一同前往，在那幾天他更加理解了「跟隨獲得經驗」的意義，也明白了自己的目標是什麼。在回來之後，他在健身會所的培訓中加入了我的銷講培訓內容，用「銷講系統」中的提問與成交系統進行實踐，有了經驗的他也開始了銷講之路，據他回憶，他第一次銷講就獲得了十幾萬的收入，而且也透過銷講收穫了很多顧客，大家都非常的信任他，支持他。他手下的員工更是受到鼓舞，立志要把健身會所的事業發展的更好。

如今的他還是跟著我到不同的城市參加演講，因為他懂得：想學會什麼，就去教別人什麼。只有他學會了，才能教給他自己的學員，他自己也能從實踐中迅速成長。

用我老師的話來說，就是：你教別人的時候就是你學習最快的時候。這句話我一直銘記在心，想要獲得高效的學習，就要學會在教別人的過程中取得進步。

三、不斷練習，累積經驗

沒有天生口才好的人，也沒有生下來就有銷講天分的人。就算是著名的演講大師，也是透過臺下不斷地練習才走到今天的位置，所以練習是銷講者不可忽視的基本功。每一個想成為銷講家的人都要做好艱苦練習的準備，不斷加強銷講技能和演說技能，還要堅持鍛鍊口才，把每一場銷講都當成學測來重視，珍惜每一次上臺演講的機會，只有真實的站在講臺上，你才能真切的感受到銷講的意義，獲得寶貴的經驗。

四、靜下心來才能控場

身為銷講者，只有把心靜下來，才能掌控全場。我見過很多優秀的銷講者在演講中出現紕漏，並非他們不夠優秀，只是在演講過程中他們太容易緊張膽怯了，一旦在正式場合出現這種心態，就很容易使人陷入負面情緒中。不管一個銷講者多麼出口成章，只要演講過程中心靜不下來，就無法掌控全場，造成失敗而歸的結局。所以，銷講者上臺前一定要讓自己心靜下來，可以嘗試聽聽輕音樂或者靜坐喝茶來穩定心緒。

五、養成樂於助人的心態

很多銷講者拉不開面子去跟別人銷講。他們認為：把產品賣給別人就像推銷一樣，非常沒面子。其實這是非常不成熟的想法。你應該換一種思路：如果你賣的產品確實不錯，很多聽眾也確實需要這個東西，而你就是幫助聽眾買到東西的媒介，從某種意義上說，你是幫助了他們，並非是在謀求自己的利益。相反，別人真的想買這個產品，但你放不下面子賣給他，這才是你的不對。積極的心態才是銷講者應該有的態度，只有心態正確了，才會有好的銷講成果。銷講本身就是為人民服務的行業，你在講臺上誠懇地跟聽眾交流也是付出的一種，只要誠心待人，才會獲得好的回報。

六、心態改變：我是頂級演說家

不要動不動就去否定自己，如果你沒有自信，你就很難成功。相反，如果你有樂觀自信的心態，相信自己就是「優秀的演說家」，你就會對自己高標準，嚴要求。時時刻刻都去鞭策自己朝著目標積極前進，努力去提升自己，超越自己，最後你就會是真正的頂級演說家。